튜링과
함께하는
숫자 퍼즐

Turing
Test

2

튜링과
함께하는
숫자 퍼즐

튜링 재단 · 에릭 손더스 지음

Expert
NUMBER Puzzle

이지북
EZbook

차례

머리말

앨런 튜링이 마지막으로 발표한 논문은 퍼즐에 관한 것이었습니다. 인기 과학 잡지 《펭귄 사이언스 뉴스》에 기고했던 그 논문 주제는 많은 수학 문제가 풀릴 수 있는 반면, 어떤 특정한 문제는 풀릴 수 있는지 아닌지 미리 알 수 없다는 점을 일반 독자에게 설명하는 것이었습니다. 앨런 튜링의 마지막 논문은 그의 첫 번째 논문의 연장선상에서, 수학적 정의에 대한 개연성 테스트를 다루는 것뿐만 아니라, 현재 프로그램 작동이 가능한 컴퓨터에 대한 청사진으로서 간주되는 것을 제시하고 있습니다.

비록 앨런 튜링이 20세기의 위대한 수학자 중 한 명이고 숫자의 작용 방식에 상당히 흥미를 느끼기는 했지만, 그가 연구할 때 특별히 정돈되었다거나 체계적이지 않았고, 그로 인해 가끔 오류를 일으키기도 했습니다. 그를 가르친 교사 중 한 명은 1927년의 학교 성적표에 '그는 고급 수학 연구에 상당히 많은 시간을 쓰느라 기초 공부에 소홀하다. 그의 연구는 엉성하다'라고 불만 사항을 기록해놓기도 했습니다. 산수에서는, 3을 5로 오인한다거나 1을 하나 빼먹는다거나 하는 일 없이 숫자를 정확하게 다룰 수 있는 기계적인 도구, 즉 계산기를 사용하는 것이 그에게는 더 안전했을 것입니다. 오늘날에는, 부분적으로는 앨런 튜링 덕분에 대량의 고속 처리가 대체로 컴퓨터에 의해 이뤄지고 있습니다.

컴퓨터는 이제 직장과 집 책상 위, 스마트폰이나 태블릿피시뿐만이 아니라 거의 모든 현대 기계에서 흔하게 볼 수 있습니다. 세계 모든 지역이 다 그렇다는 것은 아니지만 사람들에게 컴퓨터 기술과 코딩을 가르치는 일은 이제 확실히 교육과정의 일부가 되었습니다. 아프리카에서는 학교에서 컴퓨터를 접할 기회가 상황에 따라 매우 다르며, 일부 국가에서는 학생이 실제로 컴퓨터를 직접 체험할 기회가 거의 없습니다. 예를 들어, 말라위에서는 학생들이 집에서 퓨터를 사용할 확률이 8%에 불과하지만, 학교에 컴퓨터가 있으면 90% 이상의 학생이 접근할 수 있습니다. 98% 이상의 학생이 컴퓨터로 배울 때 더욱 즐겁다고 말하는 것으로 보아 컴퓨터를 제공하는 것은 학생들에게 동기를 부여하는 일입니다.

2009년 앨런 튜링의 종손인 제임스에 의해 설립된 자선단체 '튜링 재단'은 컴퓨터 개발에서 앨런 튜링이 남긴 유산을 기리는 실용적인 방법으로 이러한 난제를 해결하고자 합니다. 튜링 재단은 아프리카 학교에 작동이 잘되는 중고컴퓨터를 제공하여, 컴퓨터를 배울 수 없는 시골 지역에 컴퓨터실을 구축할 수 있도록 하고 있습니다. 새롭게 단장한 컴퓨터는 지역 교육과정에 관련된 자료가 입력된 전자도서관이 갖춰진 후, 소외된 지역사회로 보내집니다.

이 책을 구입하시고 튜링 재단을 지지해주셔서 고맙습니다.

더멋 튜링
2018년 10월

독자에게 드리는 유의 사항

이 책의 퍼즐은 심약한 사람을 위해 의도된 것이 아니라, 숙련된 퍼즐 해결사에게 도전하기 위해 고안되었습니다. 퍼즐은 세 단계의 난이도로 나뉘며, 세 번째 단계의 퍼즐은 정말 전문가를 위한 것입니다.

본 책에 달리 언급되지 않은 한, 책에 인용된 내용은 앨런 튜링의 말입니다.

	세제곱수	제곱수	소수
1	1	1	2
2	8	4	3
3	27	9	5
4	64	16	7
5	125	25	11
6	216	36	13
7	343	49	17
8	512	64	19
9	729	81	23
10	1000	100	29
11	1331	121	31
12	1728	144	37
13	2197	169	41
14	2744	196	43
15	3375	225	47
16	4096	256	53
17	4913	289	59
18	5832	324	61
19	6859	361	67
20	8000	400	71

알파벳 숫자 값

1	A	26	14	N	13
2	B	25	15	O	12
3	C	24	16	P	11
4	D	23	17	Q	10
5	E	22	18	R	9
6	F	21	19	S	8
7	G	20	20	T	7
8	H	19	21	U	6
9	I	18	22	V	5
10	J	17	23	W	4
11	K	16	24	X	3
12	L	15	25	Y	2
13	M	14	26	Z	1

카드게임 숫자 값

Ace	1	8	8
2	2	9	9
3	3	10	10
4	4	Jack	11
5	5	Queen	12
6	6	King	13
7	7		

파이 (π) = 3.142

도미노 배치

28개의 도미노로 구성된 표준 세트가 아래 그림처럼
배치되었습니다. 여러분은 숫자 2개로 이뤄진
각 도미노의 가장자리를 모두 표시할 수 있나요?
맨 아래 확인란은 보조 도구로 제공되며,
이미 체크된 도미노(4-6)가 도움이 될 것입니다.

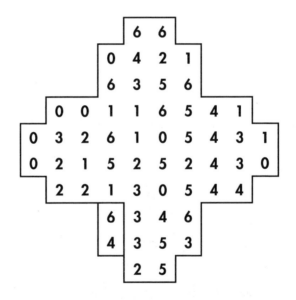

0-0	0-1	0-2	0-3	0-4	0-5	0-6	1-1	1-2	1-3	1-4	1-5	1-6	2-2

2-3	2-4	2-5	2-6	3-3	3-4	3-5	3-6	4-4	4-5	4-6	5-5	5-6	6-6
										✓			

분리하기

격자판에 벽을 그려 영역을 분할합니다.
(여러분을 위해 일부 벽은 이미 그려져 있습니다).
각 영역은 2개의 원을 포함하고 있어야 하며 영역의
크기를 뜻하는 네모 칸의 개수는 격자판 위에 표시된
숫자와 일치해야 하며 각각의 '+'는 적어도 2개의 벽에
연결해야 합니다.

2, 3, 3, 3, 3, 4, 7

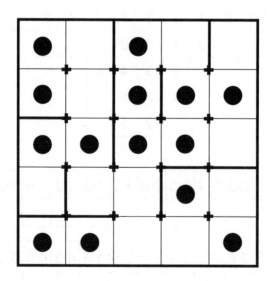

모아 올리기

모든 원은 인접한 아래의 두 원에 있는 두 숫자를 합한
수를 포함합니다. 누락된 수들을 알아내세요!

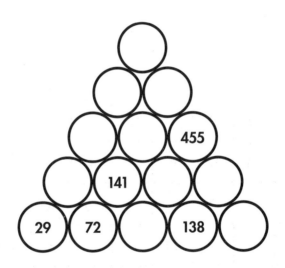

우리는 코앞의 미래만 내다볼 수 있지만, 그곳에
해야 할 많은 것이 있다는 사실을 알 수 있다.

4 총 결집

아래의 빈칸들은 1에서 30 사이의 정수로 채워야 하며,
숫자는 여러 번 나타날 수 있거나 아예 나타나지 않을 수도
있습니다. 각 가로줄 숫자를 모두 더한 합계는 오른쪽에,
각 세로줄 숫자를 모두 더한 합계는 하단에 적혀 있습니다.
2개의 대각선에 적힌 숫자의 합은 오른쪽에 있습니다.

							70
	16	2		21		5	114
6	14	17	20		1		86
23	12	2			15	30	106
22	8		18	17		8	112
2	4			21	25	18	106
5		26	3	12	14		98
	22	21	1	17		9	104
102	86	102	100	110	109	117	106

육각형

숫자가 적힌 육각형들을 빈 도형에 넣어서,
직선을 따라 육각형이 다른 육각형과 접촉할 때,
맞닿은 두 삼각형의 숫자가 서로 같도록 할 수 있을까요?
육각형은 회전할 수 없습니다!

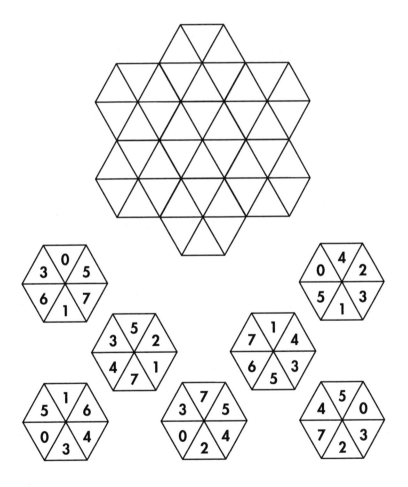

6 최종 결산

하단의 비어 있는 각 칸에 알맞은 숫자들은 무엇일까요? 각각의 해답 칸에는 위의 각 라인에서 오직 1개의 숫자만 넣을 수 있고, 2개 이상의 칸에 같은 숫자가 들어갈 수 있습니다. 각 행의 스코어는 다음의 의미를 나타냅니다.

a. 체크 표시 : 올바른 위치에 적힌 숫자의 개수
b. 엑스 표시 : 빈칸에 들어갈 수 있으나 다른 위치에 들어간 숫자의 개수

SCORE

4	5	2	6	✔
5	8	2	4	✔✔
2	2	7	4	✔✔
6	7	7	4	✔✔
3	4	1	5	✗
				✔✔✔✔

동전 수집하기

한 아마추어 동전 수집가가 금속 탐지기로 전리품을 찾고 있습니다. 그는 자신이 발견한 모든 동전을 발굴해낼 시간이 없어서 동전들의 위치를 보여주는 지도를 하나 만들었습니다. 다른 사람이 지도를 보더라도 아무도 이해하지 못하리라는 희망을 품고 말이죠.

숫자가 적힌 칸에는 동전이 없이 비어 있지만, 칸에 적힌 숫자는 번호가 적힌 칸 주변(닿아 있는 어느 구석이나 측면)에 얼마나 많은 동전(최대 8개)이 있는지를 나타냅니다. 각각의 칸에는 동전이 1개밖에 없습니다.

동전이 들어 있는 모든 칸에 원을 그리세요.

			1						
1	3		3		1	2	1		
2					2				1
3			4		3			4	
								4	
2		0		3					1
		3				0			
				2					
2						2	2	1	
	0			1	1				

8 라틴 방진

1에서 6까지의 숫자가 모든 행과 열에 한 번만 나타나도록 격자판을 채워보세요. 아래에 있는 칸과 숫자의 합계를 참조해서 단서로 삼으세요.

예를 들어 A 1 2 3 = 6은 칸 A1, A2, A3의 숫자를 합하면 6이 된다는 것을 의미합니다.

1 D E F 2 = 7   **7** B 1 2 = 5

2 C D 3 = 7   **8** C 1 2 = 9

3 B C 4 = 10   **9** D 4 5 = 6

4 A B C 5 = 10   **10** E 4 5 = 9

5 E F 6 = 4   **11** F 3 4 = 9

6 A 1 2 = 7

	A	B	C	D	E	F
1						
2						
3						
4						
5						
6						

지그재그

이 퍼즐의 목적은 수평이나 수직 또는 대각선 방향으로
모든 칸을 통과해 이동하면서, 왼쪽 상단 모서리에서
오른쪽 하단 모서리까지 1개의 경로를 추적하는 것입니다.
모든 칸은 한 번만 거쳐야 하며,
반드시 1-2-3-4-1-2-3-4 번호 순서로 이동해야 합니다.
여러분은 길을 찾을 수 있나요?

1	2	2	1	4	1	3	2
4	3	3	3	2	4	4	1
1	4	1	3	3	1	3	2
2	4	4	2	2	4	3	1
3	1	2	1	4	1	2	4
4	1	3	1	2	3	4	3
3	2	4	2	1	2	3	2
2	1	3	4	3	4	1	4

콤비쿠

각 수평 행과 수직 열은 서로 다른 모양과 숫자를 포함해야 합니다. 모든 칸은 1개의 숫자와 1개의 모양을 포함하며, 그 어느 칸에서도 조합이 반복될 수 없습니다.

1   2   3   4   5

앞뒤가 맞지 않음

아래 정사각형에서, 각 행과 열 그리고 긴 대각선의
숫자들이 정확히 총 246이 되도록 숫자의 위치를
변경하세요. 어떤 숫자든 행이나 열 또한 대각선상에
두 번 이상 표시될 수 있습니다.

39	13	24	25	68	39
38	44	66	15	41	45
41	74	41	23	41	46
33	49	41	59	20	59
36	43	21	58	39	45
63	26	49	28	57	27

12 정신력에 달린 문제

알파벳 위치에 따라 글자 값이 1에서 26까지
매겨졌다고 할 때, 여러분은 미스터리 암호를 풀어
잃어버린 글자가 무엇인지 밝혀낼 수 있나요?

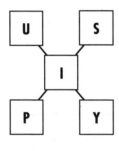

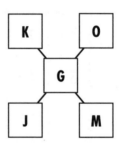

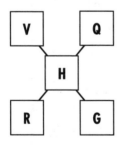

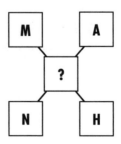

합계 서클

비어 있는 3개의 원에 +, −, × 기호를 어떤 순서로
채워 가운데 원에 있는 숫자가 나오도록 합니다.
각각의 기호는 한 번 사용해야 하며
시계 방향으로 계산해야 합니다.

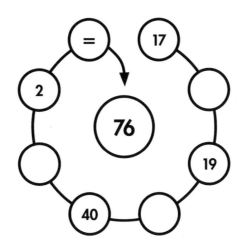

앨런 튜링의 아버지는 인도에서 공무원으로 일했다.
그의 부모는 영국과 인도를 자주 오가야 했기 때문에
튜링과 그의 형을 퇴역 군인 부부에게 맡겨 보살피게 했다.

14 타일 트위스터

각 타일의 인접한 모든 숫자가 일치하도록
8개의 타일을 퍼즐 빈칸에 배치하세요.
타일은 360도 회전할 수 있지만 뒤집을 수는 없습니다.

1	3
4	4

1	1
4	3

4	3
3	2

4	3
2	1

1	2
1	1

4	4
3	2

1	1
3	4

1	4
2	3

				2	1
				4	2

스도쿠

각 행과 각 열 그리고 각각의 3×3 블록이 1~9까지의
모든 숫자를 포함하도록 각 빈칸에 1~9까지의 숫자를
배열해서 이 까다로운 스도쿠 퍼즐을 풀어보세요.

3					8		7	2
	7	9		6				
					1	9	8	
5	6					4		
		7					9	5
	3	4	5					
				4		3	6	
6	2		9					7

16 후토시키

모든 수평 행과 수직 열이 숫자 1에서 5까지
포함하도록 격자무늬를 채우세요.
'보다 큼' 또는 '보다 작음' 부호는 인접한 칸에
더 크거나 작은 숫자가 있다는 것을 나타냅니다.

2			5	
	1			
	2			
3		5		

1에서 9까지

아래에 적힌 숫자들을 사용하여 6개의 방정식
(옆으로 읽히는 3개의 식과 아래로 읽히는 3개의 식)을 완성하세요.
모든 숫자는 한 번만 사용할 수 있습니다.

1 2 3 4 5 6 7 8 9

	+		+		=	21
+	■	−	■	×		
	+		×		=	20
×	■	×	■	−		
	+		+		=	15
=		=		=		
72		6		33		

1단계

18 가쿠로

비어 있는 흰 칸에 숫자들을 적어 그것을 더해 각 블록의
위나 왼쪽 칸에 적힌 숫자가 나올 수 있도록 흰 칸에 알맞은
숫자들을 채워 넣으세요. 1에서 9까지의 숫자만 사용할 수
있으며 한 블록에 같은 숫자를 두 번 사용할 수 없습니다.
행이나 열에서 같은 숫자가 몇 번이고 나타날 수 있지만
별도의 블록에 있어야 합니다.

무엇이 사라졌나요?

아래의 격자판에서,
물음표에 들어가야 할 숫자는 무엇일까요?

4	13	22	31	24	17	10
17	26	35	44	37	30	23
12	21	30	39	32	25	18
20	29	38	47	40	33	26
9	18	27	36	?	22	15
32	41	50	59	52	45	38
7	16	25	34	27	20	13

20 도미노 배치

28개의 도미노로 구성된 표준 세트가 아래 그림처럼
배치되었습니다. 여러분은 숫자 2개로 이뤄진
각 도미노의 가장자리를 모두 표시할 수 있나요?
맨 아래 확인란은 보조 도구로 제공되며,
이미 체크된 도미노(2-2)가 도움이 될 것입니다.

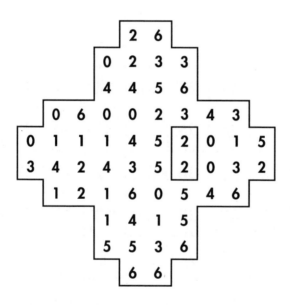

0-0	0-1	0-2	0-3	0-4	0-5	0-6	1-1	1-2	1-3	1-4	1-5	1-6	2-2
													✔

2-3	2-4	2-5	2-6	3-3	3-4	3-5	3-6	4-4	4-5	4-6	5-5	5-6	6-6

기호 합계

각각의 기호는 서로 다른 숫자를 나타냅니다.
각 행과 열의 끝에 적힌 합계에 도달하기 위해서는
원, 십자가, 오각형, 정사각형, 별의 값은
각각 얼마여야 할까요?

⬠	■	★	■	⬠	= 26
■	■	✚	★	✚	= 22
⬠	●	■	★	⬠	= 27
⬠	●	●	■	⬠	= 26
★	■	●	⬠	■	= 20
= 33	= 12	= 19	= 21	= 36	

29

22 총 결집

아래의 빈칸들은 1에서 30 사이의 정수로 채워야 하며, 숫자는 여러 번 나타날 수 있거나 아예 나타나지 않을 수도 있습니다. 각 가로줄 숫자를 모두 더한 합계는 오른쪽에, 각 세로줄 숫자를 모두 더한 합계는 하단에 적혀 있습니다. 2개의 대각선에 적힌 숫자의 합은 오른쪽에 있습니다.

							103
8		27	19	4	5		95
11		12	26	30		1	118
29	15	13		16		4	119
18	23			12		8	114
25	2			3	19	20	117
	14	7	24		6	25	116
	9	13	20	26	1		88
123	102	115	137	101	104	85	77

모아 올리기

모든 원은 인접한 아래의 두 원에 있는 두 숫자를 합한 수를 포함합니다. 누락된 수들을 알아내세요!

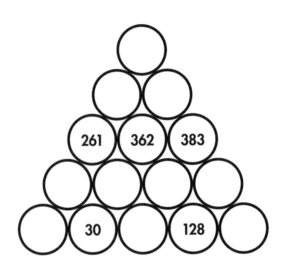

생각이라고 표현돼야 하지만 인간이 하는 생각과는 매우 다른 것을 기계는 수행할 수 있지 않을까?

육각형

숫자가 적힌 육각형들을 빈 도형에 넣어서,
직선을 따라 육각형이 다른 육각형과 접촉할 때,
맞닿은 두 삼각형의 숫자가 서로 같도록 할 수 있을까요?
육각형은 회전할 수 없습니다!

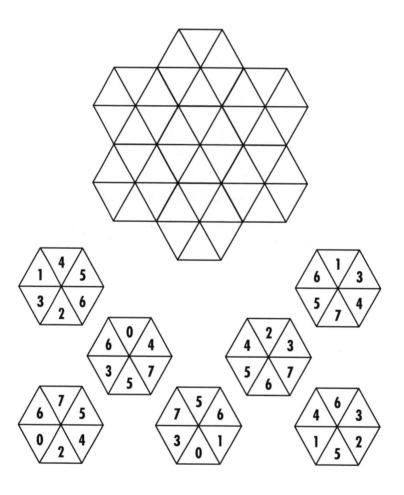

최종 결산

하단의 비어 있는 각 칸에 알맞은 숫자들은 무엇일까요? 각각의 해답 칸에는 위의 각 라인에서 오직 1개의 숫자만 넣을 수 있고, 2개 이상의 칸에 같은 숫자가 들어갈 수 있습니다. 각 행의 스코어는 다음의 의미를 나타냅니다.

a. 체크 표시 : 올바른 위치에 적힌 숫자의 개수
b. 엑스 표시 : 빈칸에 들어갈 수 있으나 다른 위치에 들어간 숫자의 개수

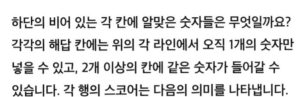

				SCORE
5	4	4	7	✔
8	2	1	2	✗ ✗
8	8	1	7	✗
4	5	3	1	✔
6	7	1	8	✔
				✔✔✔✔

26 동전 수집하기

한 아마추어 동전 수집가가 금속 탐지기로 전리품을 찾고 있습니다. 그는 자신이 발견한 모든 동전을 발굴해낼 시간이 없어서 동전들의 위치를 보여주는 지도를 하나 만들었습니다. 다른 사람이 지도를 보더라도 아무도 이해하지 못하리라는 희망을 품고 말이죠.

숫자가 적힌 칸에는 동전이 없이 비어 있지만, 칸에 적힌 숫자는 번호가 적힌 칸 주변(닿아 있는 어느 구석이나 측면)에 얼마나 많은 동전(최대 8개)이 있는지를 나타냅니다.

각각의 칸에는 동전이 1개밖에 없습니다.

동전이 들어 있는 모든 칸에 원을 그리세요.

1	3			3	3				0
	4			2				3	
		3						3	
4			0		1				
							2		
3		1	1		1				0
	4		2		2		1		0
			4					1	
	3						1		1
			2		2				

라틴 방진

1에서 6까지의 숫자가 모든 행과 열에 한 번만 나타나도록
격자판을 채워보세요. 아래에 있는 칸과 숫자의 합계를
참조해서 단서로 삼으세요.
예를 들어 A 1 2 3 = 6은 칸 A1, A2, A3의 숫자를 합하면
6이 된다는 것을 의미합니다.

1 C 4 5 = 8   **7** C D 3 = 8

2 D 5 6 = 7   **8** A B 4 = 6

3 E 1 2 = 7   **9** E F 5 = 6

4 F 1 2 = 8   **10** B C 6 = 8

5 A B C 1 = 10   **11** A 5 6 = 9

6 A B C 2 = 6

	A	B	C	D	E	F
1						
2						
3						
4						
5						
6						

지그재그

이 퍼즐의 목적은 수평이나 수직 또는 대각선 방향으로
모든 칸을 통과해 이동하면서, 왼쪽 상단 모서리에서
오른쪽 하단 모서리까지 1개의 경로를 추적하는 것입니다.
모든 칸은 한 번만 거쳐야 하며,
반드시 1-2-3-4-1-2-3-4 번호 순서로 이동해야 합니다.
여러분은 길을 찾을 수 있나요?

1	3	4	1	2	1	4	3
2	2	3	4	3	2	2	1
1	2	4	1	4	3	4	2
4	3	1	1	2	3	1	3
1	2	3	2	1	4	3	4
3	4	4	1	3	2	1	4
2	3	1	4	2	2	2	3
4	1	2	3	4	1	3	4

콤비쿠

각 수평 행과 수직 열은 서로 다른 모양과 숫자를 포함해야
합니다. 모든 칸은 1개의 숫자와 1개의 모양을 포함하며,
그 어느 칸에서도 조합이 반복될 수 없습니다.

◇ ○ ☆ ⬡ □

1　　**2**　　**3**　　**4**　　**5**

①				4
		3		☆
3		□		
☆			⬡	5
4		☆	□	○

37

앞뒤가 맞지 않음

아래 정사각형에서, 각 행과 열 그리고 긴 대각선의
숫자들이 정확히 총 262이 되도록 숫자의 위치를
변경하세요. 어떤 숫자든 행이나 열 또한 대각선상에
두 번 이상 표시될 수 있습니다.

56	8	44	72	84	24
61	43	36	64	47	50
71	55	43	21	27	52
12	67	47	65	18	44
17	27	54	61	11	48
52	18	64	18	66	25

정신력에 달린 문제

알파벳 위치에 따라 글자 값이 1에서 26까지
매겨졌다고 할 때, 여러분은 미스터리 암호를 풀어
잃어버린 글자가 무엇인지 밝혀낼 수 있나요?

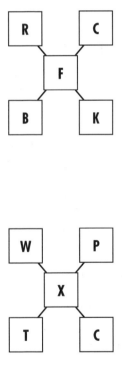

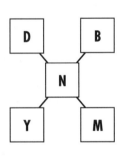

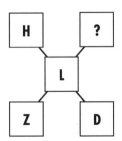

32 타일 트위스터

각 타일의 인접한 모든 숫자가 일치하도록
8개의 타일을 퍼즐 빈칸에 배치하세요.
타일은 360도 회전할 수 있지만 뒤집을 수는 없습니다.

4	2
3	3

1	2
4	3

1	3
2	3

2	3
3	2

1	4
3	3

3	2
4	2

4	2
3	4

4	1
2	3

		2	1		
		4	2		

합계 서클

비어 있는 3개의 원에 +, −, × 기호를 어떤 순서로
채워 가운데 원에 있는 숫자가 나오도록 합니다.
각각의 기호는 한 번 사용해야 하며
시계 방향으로 계산해야 합니다.

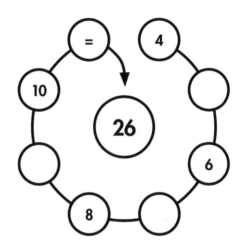

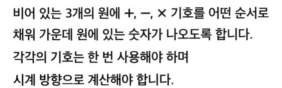

그는 우리가 많은 관심을 가지고 장래의 진로를
지켜봐야 할 재능 있고 탁월한 소년입니다. 나는
그가 상냥하고 친절하다는 것을 알게 되었으며,
그가 학교 대표로 임명된 것이 정당하다고 믿는다.
_튜링의 1931년 여름 학기 학교 성적표에서 발췌

스도쿠

각 행과 각 열 그리고 각각의 3×3 블록이 1~9까지의
모든 숫자를 포함하도록 각 빈칸에 1~9까지의 숫자를
배열해서 이 까다로운 스도쿠 퍼즐을 풀어보세요.

				7			9	
						3	1	
					4		8	7
9		6	1			4		
3			8		2			5
		8			3	7		9
8	6		2					
	3	5						
	1			6				

후토시키

모든 수평 행과 수직 열이 숫자 1에서 5까지
포함하도록 격자무늬를 채우세요.
'보다 큼' 또는 '보다 작음' 부호는 인접한 칸에
더 크거나 작은 숫자가 있다는 것을 나타냅니다.

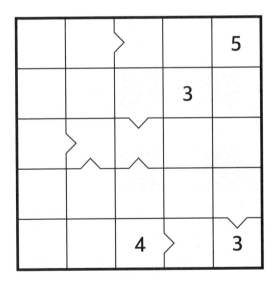

36 1에서 9까지

아래에 적힌 숫자들을 사용하여 6개의 방정식
(옆으로 읽히는 3개의 식과 아래로 읽히는 3개의 식)을 완성하세요.
모든 숫자는 한 번만 사용할 수 있습니다.

1 2 3 4 5 6 7 8 9

	×		+		=	29
×		+		×		
	×		−		=	19
+		−		×		
	×		+		=	55
=		=		=		
21		5		14		

가쿠로

비어 있는 흰 칸에 숫자들을 적어 그것을 더해 각 블록의
위나 왼쪽 칸에 적힌 숫자가 나올 수 있도록 흰 칸에 알맞은
숫자들을 채워 넣으세요. 1에서 9까지의 숫자만 사용할 수
있으며 한 블록에 같은 숫자를 두 번 사용할 수 없습니다.
행이나 열에서 같은 숫자가 몇 번이고 나타날 수 있지만
별도의 블록에 있어야 합니다.

38

무엇이 사라졌나요?

아래의 격자판에서,
물음표에 들어가야 할 숫자는 무엇일까요?

173	107	66	41	25	16	9
101	61	40	21	19	2	17
271	168	103	65	38	27	11
153	93	60	33	27	?	21
219	135	84	51	33	18	15
70	43	27	16	11	5	6
159	99	60	39	21	18	3

도미노 배치

28개의 도미노로 구성된 표준 세트가 아래 그림처럼
배치되었습니다. 여러분은 숫자 2개로 이뤄진
각 도미노의 가장자리를 모두 표시할 수 있나요?
맨 아래 확인란은 보조 도구로 제공되며,
이미 체크된 도미노(4-5)가 도움이 될 것입니다.

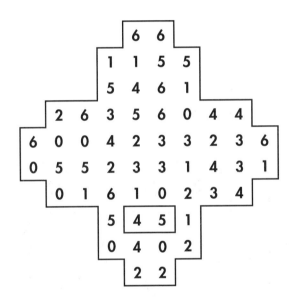

0-0	0-1	0-2	0-3	0-4	0-5	0-6	1-1	1-2	1-3	1-4	1-5	1-6	2-2

2-3	2-4	2-5	2-6	3-3	3-4	3-5	3-6	4-4	4-5	4-6	5-5	5-6	6-6
									✓				

분리하기

격자판에 벽을 그려 영역을 분할합니다.
(여러분을 위해 일부 벽은 이미 그려져 있습니다).
각 영역은 2개의 원을 포함하고 있어야 하며 영역의
크기를 뜻하는 네모 칸의 개수는 격자판 위에 표시된
숫자와 일치해야 하며 각각의 '+'는 적어도 2개의 벽에
연결해야 합니다.

2, 3, 3, 3, 7, 7

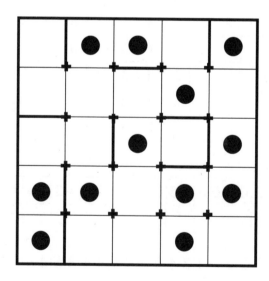

시계 장치

마지막 시계에 사라진 시침과 분침을 그려 넣으세요.

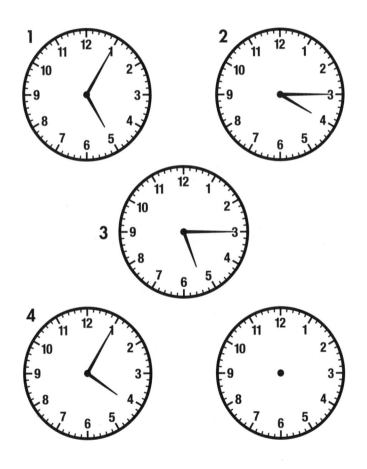

42 기호 합계

각각의 기호는 서로 다른 숫자를 나타냅니다.
각 행과 열의 끝에 적힌 합계에 도달하기 위해서는
원, 십자가, 오각형, 정사각형, 별의 값은
각각 얼마여야 할까요?

★	✚	✚	⬠	★	= 25
●	●	★	■	●	= 15
★	✚	■	■	✚	= 19
★	⬠	●	✚	●	= 21
●	★	★	⬠	⬠	= 30
= 19	= 22	= 19	= 29	= 21	

모아 올리기

모든 원은 인접한 아래의 두 원에 있는 두 숫자를 합한 수를 포함합니다. 누락된 수들을 알아내세요!

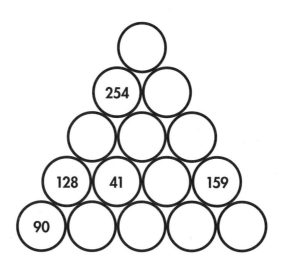

1936년, 튜링은 계산될 수 있는 모든 것을 계산할 수 있는 기계에 대한 아이디어를 창안했다.
이것은 유니버설 튜링 머신Universal Turing Machine으로
알려졌으며 현대 컴퓨터로 이어졌다.

44 육각형

숫자가 적힌 육각형들을 빈 도형에 넣어서,
직선을 따라 육각형이 다른 육각형과 접촉할 때,
맞닿은 두 삼각형의 숫자가 서로 같도록 할 수 있을까요?
육각형은 회전할 수 없습니다!

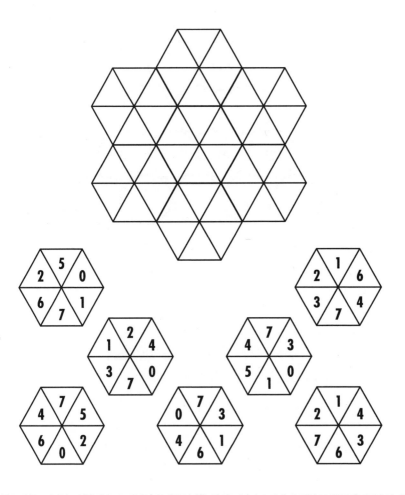

동전 수집하기

한 아마추어 동전 수집가가 금속 탐지기로 전리품을 찾고 있습니다. 그는 자신이 발견한 모든 동전을 발굴해낼 시간이 없어서 동전들의 위치를 보여주는 지도를 하나 만들었습니다. 다른 사람이 지도를 보더라도 아무도 이해하지 못하리라는 희망을 품고 말이죠.

숫자가 적힌 칸에는 동전이 없이 비어 있지만, 칸에 적힌 숫자는 번호가 적힌 칸 주변(닿아 있는 어느 구석이나 측면)에 얼마나 많은 동전(최대 8개)이 있는지를 나타냅니다. 각각의 칸에는 동전이 1개밖에 없습니다. 동전이 들어 있는 모든 칸에 원을 그리세요.

1		0	2					1	
					3		3	3	
		2					1		
0		2		3					
	1							0	
			3	2		0			
		3	2						2
2						3		5	
					2		4		
	3		2					3	

46 라틴 방진

1에서 6까지의 숫자가 모든 행과 열에 한 번만 나타나도록
격자판을 채워보세요. 아래에 있는 칸과 숫자의 합계를
참조해서 단서로 삼으세요.
예를 들어 A 1 2 3 = 6은 칸 A1, A2, A3의 숫자를 합하면
6이 된다는 것을 의미합니다.

1 B C D 2 = 6   **6** C 3 4 = 8

2 B 3 4 5 = 15   **7** D 3 4 = 5

3 E F 3 = 7   **8** A B 6 = 6

4 E 5 6 = 6   **9** E F 4 = 3

5 C D 5 = 11   **10** F 5 6 = 5

	A	B	C	D	E	F
1						
2						
3						
4						
5						
6						

지그재그

이 퍼즐의 목적은 수평이나 수직 또는 대각선 방향으로
모든 칸을 통과해 이동하면서, 왼쪽 상단 모서리에서
오른쪽 하단 모서리까지 1개의 경로를 추적하는 것입니다.
모든 칸은 한 번만 거쳐야 하며,
반드시 1-2-3-4-1-2-3-4 번호 순서로 이동해야 합니다.
여러분은 길을 찾을 수 있나요?

1	2	1	2	1	2	1	4
3	4	3	3	4	3	3	2
2	4	3	4	1	2	1	3
1	2	2	4	4	3	4	2
1	4	1	3	2	1	3	1
2	3	4	1	3	2	4	2
1	2	4	4	1	1	3	3
4	3	1	3	2	2	4	4

48

콤비쿠

각 수평 행과 수직 열은 서로 다른 모양과 숫자를 포함해야
합니다. 모든 칸은 1개의 숫자와 1개의 모양을 포함하며,
그 어느 칸에서도 조합이 반복될 수 없습니다.

◇	○	☆	⬡	▢
1	**2**	**3**	**4**	**5**

◇			②	
2		4		3
☆3		⬡	◇4	
4			1	
		☆1		

앞뒤가 맞지 않음

아래 정사각형에서, 각 행과 열 그리고 긴 대각선의
숫자들이 정확히 총 221이 되도록 숫자의 위치를
변경하세요. 어떤 숫자든 행이나 열 또한 대각선상에
두 번 이상 표시될 수 있습니다.

21	12	38	57	88	21
42	36	36	26	41	45
53	46	22	14	26	46
14	51	41	58	25	31
36	54	43	49	13	37
66	5	27	22	27	57

타일 트위스터

각 타일의 인접한 모든 숫자가 일치하도록
8개의 타일을 퍼즐 빈칸에 배치하세요.
타일은 360도 회전할 수 있지만 뒤집을 수는 없습니다.

1	2
3	1

2	2
4	3

2	4
3	2

2	4
3	1

3	4
4	2

2	2
1	4

2	1
4	1

3	3
2	3

		4	2		
		2	2		

스도쿠

각 행과 각 열 그리고 각각의 3×3 블록이 1~9까지의
모든 숫자를 포함하도록 각 빈칸에 1~9까지의 숫자를
배열해서 이 까다로운 스도쿠 퍼즐을 풀어보세요.

6		3		9				
1		4						8
					1		7	
	1				5			
		9		6		2		
			7				4	
	5		8					
2						6		1
				2		9		3

52 후토시키

모든 수평 행과 수직 열이 숫자 1에서 5까지
포함하도록 격자무늬를 채우세요.
'보다 큼' 또는 '보다 작음' 부호는 인접한 칸에
더 크거나 작은 숫자가 있다는 것을 나타냅니다.

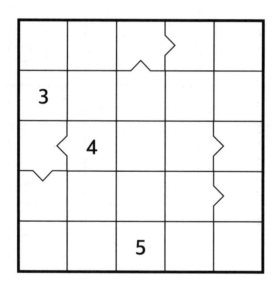

모아 올리기

모든 원은 인접한 아래의 두 원에 있는 두 숫자를 합한
수를 포함합니다. 누락된 수들을 알아내세요!

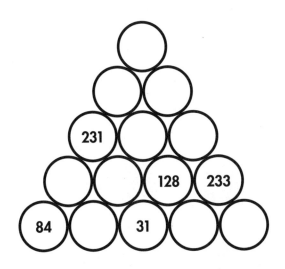

기계가 놀라움을 불러일으킬 수 없다는 견해는,
특히 철학자와 수학자가 주체가 되는 오류에서
기인한다고 생각합니다.

54 1에서 9까지

아래에 적힌 숫자들을 사용하여 6개의 방정식
(옆으로 읽히는 3개의 식과 아래로 읽히는 3개의 식)을 완성하세요.
모든 숫자는 한 번만 사용할 수 있습니다.

1 2 3 4 5 6 7 8 9

	×		−		=	4
×		×		×		
	×		−		=	11
+		+		×		
	×		+		=	79
=		=		=		
11		39		56		

가쿠로

비어 있는 흰 칸에 숫자들을 적어 그것을 더해 각 블록의
위나 왼쪽 칸에 적힌 숫자가 나올 수 있도록 흰 칸에 알맞은
숫자들을 채워 넣으세요. 1에서 9까지의 숫자만 사용할 수
있으며 한 블록에 같은 숫자를 두 번 사용할 수 없습니다.
행이나 열에서 같은 숫자가 몇 번이고 나타날 수 있지만
별도의 블록에 있어야 합니다.

56 무엇이 사라졌나요?

아래의 격자판에서
물음표에 들어가야 할 숫자는 무엇일까요?

6	11	2	4	9	5	7
24	44	8	16	36	20	28
20	40	4	12	32	16	24
100	200	20	60	?	80	120
95	195	15	55	155	75	115
570	1170	90	330	930	450	690
564	1164	84	324	924	444	684

도미노 배치

28개의 도미노로 구성된 표준 세트가 아래 그림처럼
배치되었습니다. 여러분은 숫자 2개로 이뤄진
각 도미노의 가장자리를 모두 표시할 수 있나요?
맨 아래 확인란은 보조 도구로 제공되며,
이미 체크된 도미노(2-5)가 도움이 될 것입니다.

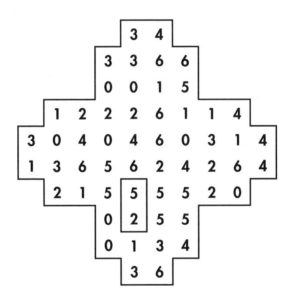

0-0	0-1	0-2	0-3	0-4	0-5	0-6	1-1	1-2	1-3	1-4	1-5	1-6	2-2

2-3	2-4	2-5	2-6	3-3	3-4	3-5	3-6	4-4	4-5	4-6	5-5	5-6	6-6
		✔											

2단계

58 분리하기

격자판에 벽을 그려 영역을 분할합니다.
(여러분을 위해 일부 벽은 이미 그려져 있습니다).
각 영역은 2개의 원을 포함하고 있어야 하며 영역의
크기를 뜻하는 네모 칸의 개수는 격자판 위에 표시된
숫자와 일치해야 하며 각각의 '+'는 적어도 2개의 벽에
연결해야 합니다.

2, 3, 6, 7, 7

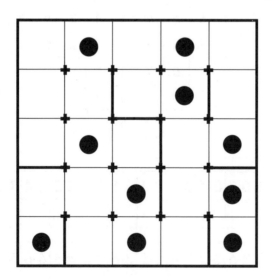

총 결집

아래의 빈칸들은 1에서 30 사이의 정수로 채워야 하며,
숫자는 여러 번 나타날 수 있거나 아예 나타나지 않을 수도
있습니다. 각 가로줄 숫자를 모두 더한 합계는 오른쪽에,
각 세로줄 숫자를 모두 더한 합계는 하단에 적혀 있습니다.
2개의 대각선에 적힌 숫자의 합은 오른쪽에 있습니다.

							127
24	3		13	15		4	96
6	12	11		24	27		92
25		10	13	21		14	121
27	1	30	22		16		142
	4	16	23		7	19	88
	24	14	9		12	23	96
13	2			22	1	8	89
108	65	113	117	119	102	100	102

60 시계 장치

마지막 시계에 사라진 시침과 분침을 그려 넣으세요.

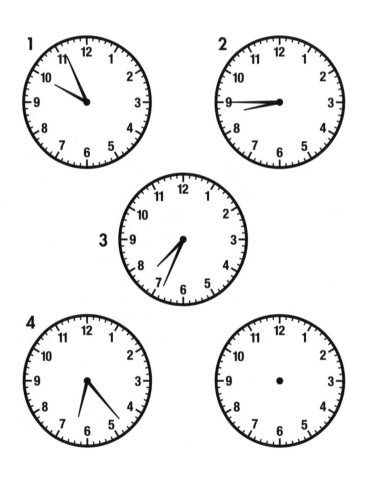

육각형

숫자가 적힌 육각형들을 빈 도형에 넣어서,
직선을 따라 육각형이 다른 육각형과 접촉할 때,
맞닿은 두 삼각형의 숫자가 서로 같도록 할 수 있을까요?
육각형은 회전할 수 없습니다!

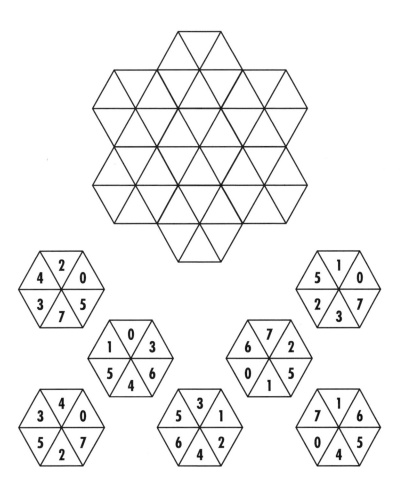

62 최종 결산

하단의 비어 있는 각 칸에 알맞은 숫자들은 무엇일까요?
각각의 해답 칸에는 위의 각 라인에서 오직 1개의 숫자만
넣을 수 있고, 2개 이상의 칸에 같은 숫자가 들어갈 수
있습니다. 각 행의 스코어는 다음의 의미를 나타냅니다.

a. 체크 표시 : 올바른 위치에 적힌 숫자의 개수
b. 엑스 표시 : 빈칸에 들어갈 수 있으나 다른 위치에
   들어간 숫자의 개수

SCORE

7	3	7	8	✓ ✗
5	8	6	3	✗
4	5	7	1	✗
1	1	2	7	✗
2	4	5	8	✓
				✓ ✓ ✓ ✓

합계 서클

비어 있는 3개의 원에 +, −, × 기호를 어떤 순서로
채워 가운데 원에 있는 숫자가 나오도록 합니다.
각각의 기호는 한 번 사용해야 하며
시계 방향으로 계산해야 합니다.

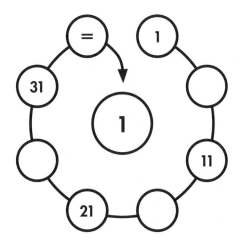

튜링은 나치의 암호기계인 '에니그마Enigma'를 해독하여
연합군에게 독일군의 움직임에 대한 정보를 제공함으로써
제2차 세계대전의 결과에 영향을 주었다.

64

동전 수집하기

한 아마추어 동전 수집가가 금속 탐지기로 전리품을 찾고 있습니다. 그는 자신이 발견한 모든 동전을 발굴해낼 시간이 없어서 동전들의 위치를 보여주는 지도를 하나 만들었습니다. 다른 사람이 지도를 보더라도 아무도 이해하지 못하리라는 희망을 품고 말이죠.

숫자가 적힌 칸에는 동전이 없이 비어 있지만, 칸에 적힌 숫자는 번호가 적힌 칸 주변(닿아 있는 어느 구석이나 측면)에 얼마나 많은 동전(최대 8개)이 있는지를 나타냅니다.

각각의 칸에는 동전이 1개밖에 없습니다.

동전이 들어 있는 모든 칸에 원을 그리세요.

0			3					
	2			2	3	2		1
1				3		1		1
	1		1					
	2			5				
		1			2		5	
		0						
1		1		1	0		1	
		1		3			1	
	0					2		

라틴 방진

1에서 6까지의 숫자가 모든 행과 열에 한 번만 나타나도록
격자판을 채워보세요. 아래에 있는 칸과 숫자의 합계를
참조해서 단서로 삼으세요.

예를 들어 A 1 2 3 = 6은 칸 A1, A2, A3의 숫자를 합하면
6이 된다는 것을 의미합니다.

1 E F 1 = 4

6 A B 3 = 5

2 E 2 3 = 3

7 D E 4 = 7

3 B C D 2 = 9

8 E F 6 = 10

4 B 4 5 = 5

9 D 5 6 = 4

5 C 3 4 5 = 13

10 F 2 3 = 9

	A	B	C	D	E	F
1						
2						
3						
4						
5						
6						

66 지그재그

이 퍼즐의 목적은 수평이나 수직 또는 대각선 방향으로
모든 칸을 통과해 이동하면서, 왼쪽 상단 모서리에서
오른쪽 하단 모서리까지 1개의 경로를 추적하는 것입니다.
모든 칸은 한 번만 거쳐야 하며,
반드시 1-2-3-4-1-2-3-4 번호 순서로 이동해야 합니다.
여러분은 길을 찾을 수 있나요?

1	2	1	4	3	4	3	2
1	2	3	2	1	4	2	1
4	3	4	3	2	3	1	4
2	1	4	4	1	2	4	3
3	1	2	3	3	3	2	1
2	4	4	2	1	4	1	3
1	3	1	1	4	1	4	2
4	3	2	2	3	2	3	4

콤비쿠

각 수평 행과 수직 열은 서로 다른 모양과 숫자를 포함해야
합니다. 모든 칸은 1개의 숫자와 1개의 모양을 포함하며,
그 어느 칸에서도 조합이 반복될 수 없습니다.

1	⬡	5	◯	
◯	☐	◇		3
	5	☐	2	
			1	
3				5

68 앞뒤가 맞지 않음

아래 정사각형에서, 각 행과 열 그리고 긴 대각선의 숫자들이 정확히 총 121이 되도록 숫자의 위치를 변경하세요. 어떤 숫자든 행이나 열 또한 대각선상에 두 번 이상 표시될 수 있습니다.

13	13	15	23	31	29
30	20	10	10	21	19
26	38	20	4	19	20
15	19	21	24	11	19
13	22	16	34	17	36
21	12	28	14	28	15

타일 트위스터

각 타일의 인접한 모든 숫자가 일치하도록
8개의 타일을 퍼즐 빈칸에 배치하세요.
타일은 360도 회전할 수 있지만 뒤집을 수는 없습니다.

1	2
4	3

1	2
3	4

1	3
4	3

4	1
3	4

2	1
2	4

3	1
2	3

1	1
2	4

4	4
2	3

2	3		
4	3		

스도쿠

각 행과 각 열 그리고 각각의 3×3 블록이 1~9까지의
모든 숫자를 포함하도록 각 빈칸에 1~9까지의 숫자를
배열해서 이 까다로운 스도쿠 퍼즐을 풀어보세요.

	5	8			4			
3	1			7			8	2
						6		
	9				8	5		
			6		7			
		2	3				4	
		1						
9	4			5			2	8
			1			7	3	

후토시키

모든 수평 행과 수직 열이 숫자 1에서 5까지
포함하도록 격자무늬를 채우세요.
'보다 큼' 또는 '보다 작음' 부호는 인접한 칸에
더 크거나 작은 숫자가 있다는 것을 나타냅니다.

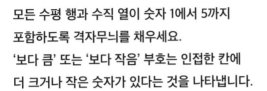

72 정신력에 달린 문제

알파벳 위치에 따라 글자 값이 1에서 26까지
매겨졌다고 할 때, 여러분은 미스터리 암호를 풀어
잃어버린 글자가 무엇인지 밝혀낼 수 있나요?

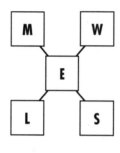

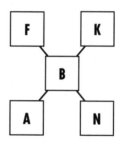

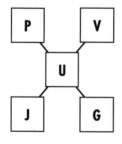

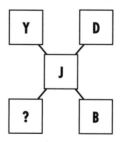

합계 서클

비어 있는 3개의 원에 +, −, × 기호를 어떤 순서로
채워 가운데 원에 있는 숫자가 나오도록 합니다.
각각의 기호는 한 번 사용해야 하며
시계 방향으로 계산해야 합니다.

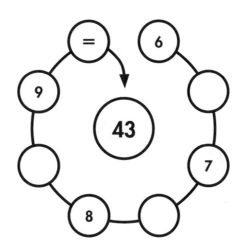

런던의 대영 도서관에 본부를 둔 앨런 튜링 연구소는
2015년 영국의 국립 데이터 과학 연구소로 설립되었다.

74 1에서 9까지

아래에 적힌 숫자들을 사용하여 6개의 방정식
(옆으로 읽히는 3개의 식과 아래로 읽히는 3개의 식)을 완성하세요.
모든 숫자는 한 번만 사용할 수 있습니다.

1 2 3 4 5 6 7 8 9

	×		×		=	126
×	■	−	■	+		
	−		×		=	20
−	■	×	■	×		
	×		×		=	30
=		=		=		
71		20		36		

82

가쿠로

비어 있는 흰 칸에 숫자들을 적어 그것을 더해 각 블록의
위나 왼쪽 칸에 적힌 숫자가 나올 수 있도록 흰 칸에 알맞은
숫자들을 채워 넣으세요. 1에서 9까지의 숫자만 사용할 수
있으며 한 블록에 같은 숫자를 두 번 사용할 수 없습니다.
행이나 열에서 같은 숫자가 몇 번이고 나타날 수 있지만
별도의 블록에 있어야 합니다.

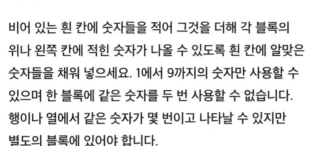

83

무엇이 사라졌나요?

아래의 격자판에서,
물음표에 들어가야 할 숫자는 무엇일까요?

3	10	17	24	31	38	45
164	171	178	185	192	199	52
157	276	283	290	297	206	59
150	269	332	?	304	213	66
143	262	325	318	311	220	73
136	255	248	241	234	227	80
129	122	115	108	101	94	87

도미노 배치

28개의 도미노로 구성된 표준 세트가 아래 그림처럼
배치되었습니다. 여러분은 숫자 2개로 이뤄진
각 도미노의 가장자리를 모두 표시할 수 있나요?
맨 아래 확인란은 보조 도구로 제공되며,
이미 체크된 도미노(5-6)가 도움이 될 것입니다.

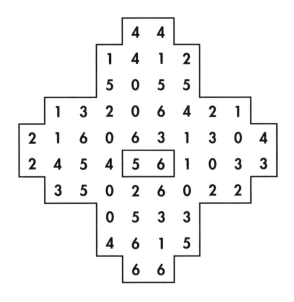

0-0	0-1	0-2	0-3	0-4	0-5	0-6	1-1	1-2	1-3	1-4	1-5	1-6	2-2

2-3	2-4	2-5	2-6	3-3	3-4	3-5	3-6	4-4	4-5	4-6	5-5	5-6	6-6
												✓	

78 분리하기

격자판에 벽을 그려 영역을 분할합니다.
(여러분을 위해 일부 벽은 이미 그려져 있습니다).
각 영역은 2개의 원을 포함하고 있어야 하며 영역의
크기를 뜻하는 네모 칸의 개수는 격자판 위에 표시된
숫자와 일치해야 하며 각각의 '+'는 적어도 2개의 벽에
연결해야 합니다.

2, 3, 6, 7, 7

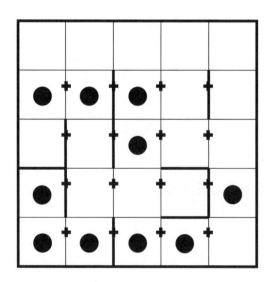

시계 장치

마지막 시계에 사라진 시침과 분침을 그려 넣으세요.

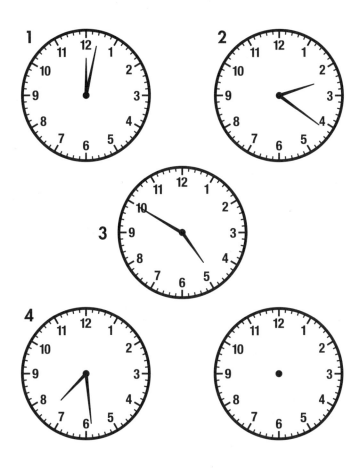

2단계

80 총 결집

아래의 빈칸들은 1에서 30 사이의 정수로 채워야 하며, 숫자는 여러 번 나타날 수 있거나 아예 나타나지 않을 수도 있습니다. 각 가로줄 숫자를 모두 더한 합계는 오른쪽에, 각 세로줄 숫자를 모두 더한 합계는 하단에 적혀 있습니다. 2개의 대각선에 적힌 숫자의 합은 오른쪽에 있습니다.

							84
13		9	7	22	21		101
17	4		29		3	9	108
15		16	22	28		10	116
20	13	21			7	26	119
	11		25	16	23	5	94
27	6	19			10	30	115
	22	16	15	12	4		98
97	91	120	126	124	69	124	99

최종 결산

하단의 비어 있는 각 칸에 알맞은 숫자들은 무엇일까요?
각각의 해답 칸에는 위의 각 라인에서 오직 1개의 숫자만
넣을 수 있고, 2개 이상의 칸에 같은 숫자가 들어갈 수
있습니다. 각 행의 스코어는 다음의 의미를 나타냅니다.

a. 체크 표시 : 올바른 위치에 적힌 숫자의 개수
b. 엑스 표시 : 빈칸에 들어갈 수 있으나 다른 위치에
　들어간 숫자의 개수

SCORE

8	5	2	2	✓ X X
5	6	6	7	✓
6	2	4	2	X X
4	4	1	7	✓
3	4	8	2	X X
				✓✓✓✓

82 육각형

숫자가 적힌 육각형들을 빈 도형에 넣어서,
직선을 따라 육각형이 다른 육각형과 접촉할 때,
맞닿은 두 삼각형의 숫자가 서로 같도록 할 수 있을까요?
육각형은 회전할 수 없습니다!

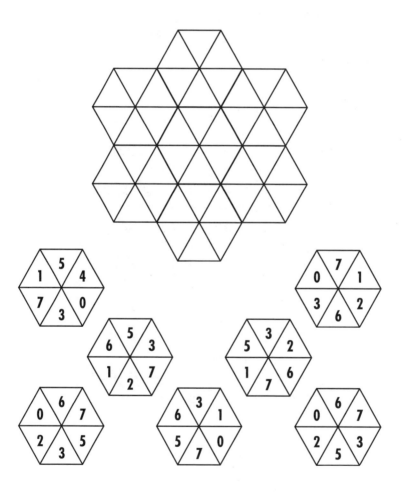

모아 올리기

모든 원은 인접한 아래의 두 원에 있는 두 숫자를 합한
수를 포함합니다. 누락된 수들을 알아내세요!

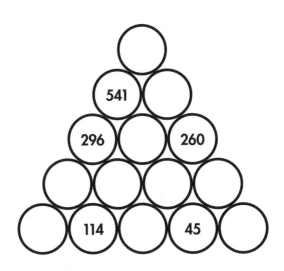

성인의 마음을 모방하는 프로그램을 만드는 대신,
아이의 마음을 모방하는 프로그램을
만드는 것이 어떨까?

84 동전 수집하기

한 아마추어 동전 수집가가 금속 탐지기로 전리품을 찾고 있습니다. 그는 자신이 발견한 모든 동전을 발굴해낼 시간이 없어서 동전들의 위치를 보여주는 지도를 하나 만들었습니다. 다른 사람이 지도를 보더라도 아무도 이해하지 못하리라는 희망을 품고 말이죠.

숫자가 적힌 칸에는 동전이 없이 비어 있지만, 칸에 적힌 숫자는 번호가 적힌 칸 주변(닿아 있는 어느 구석이나 측면)에 얼마나 많은 동전(최대 8개)이 있는지를 나타냅니다.

각각의 칸에는 동전이 1개밖에 없습니다.

동전이 들어 있는 모든 칸에 원을 그리세요.

1		1			0			
			0					3
3			1			0		
		3				0		
	4		5		2	0		2
	3				1		3	
			4			2		
3		2	1					
	3		2		1		3	3
				0			2	

라틴 방진

1에서 6까지의 숫자가 모든 행과 열에 한 번만 나타나도록
격자판을 채워보세요. 아래에 있는 칸과 숫자의 합계를
참조해서 단서로 삼으세요.
예를 들어 A 1 2 3 = 6은 칸 A1, A2, A3의 숫자를 합하면
6이 된다는 것을 의미합니다.

1 C D E 3 = 9

7 B 1 2 = 8

2 C 4 5 = 11

8 F 4 5 = 5

3 D 4 5 6 = 13

9 A B 6 = 7

4 A B 4 = 8

10 C D 1 = 6

5 A B 5 = 6

11 E 5 6 = 6

6 A 1 2 = 7

12 C D 2 = 7

	A	B	C	D	E	F
1						
2						
3						
4						
5						
6						

지그재그

이 퍼즐의 목적은 수평이나 수직 또는 대각선 방향으로
모든 칸을 통과해 이동하면서, 왼쪽 상단 모서리에서
오른쪽 하단 모서리까지 1개의 경로를 추적하는 것입니다.
모든 칸은 한 번만 거쳐야 하며,
반드시 1-2-3-4-1-2-3-4 번호 순서로 이동해야 합니다.
여러분은 길을 찾을 수 있나요?

1	2	2	3	2	3	1	2
3	1	4	3	4	1	4	3
4	1	2	2	3	1	4	1
4	1	1	4	4	2	2	3
2	3	2	3	3	3	2	4
2	1	1	4	3	1	4	1
4	3	1	4	4	2	1	2
3	2	4	1	2	3	3	4

콤비쿠

각 수평 행과 수직 열은 서로 다른 모양과 숫자를 포함해야
합니다. 모든 칸은 1개의 숫자와 1개의 모양을 포함하며,
그 어느 칸에서도 조합이 반복될 수 없습니다.

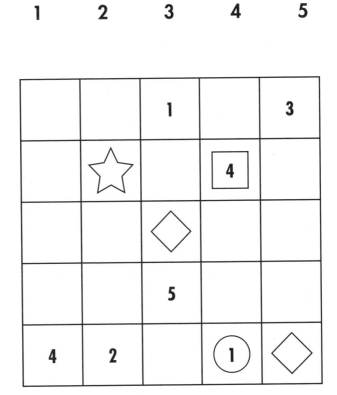

앞뒤가 맞지 않음

아래 정사각형에서, 각 행과 열 그리고 긴 대각선의 숫자들이 정확히 총 195이 되도록 숫자의 위치를 변경하세요. 어떤 숫자든 행이나 열 또한 대각선상에 두 번 이상 표시될 수 있습니다.

17	33	21	32	39	45
49	33	32	14	35	33
45	48	32	18	19	16
18	42	31	46	22	32
35	12	46	39	49	33
50	28	29	38	40	19

타일 트위스터

각 타일의 인접한 모든 숫자가 일치하도록
8개의 타일을 퍼즐 빈칸에 배치하세요.
타일은 360도 회전할 수 있지만 뒤집을 수는 없습니다.

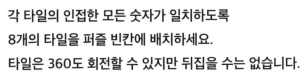

1	4
4	1

1	1
3	2

4	3
4	3

2	4
3	1

1	1
3	4

2	4
4	3

3	4
3	1

1	4
2	1

				4	1
				2	2

97

스도쿠

각 행과 각 열 그리고 각각의 3×3 블록이 1~9까지의
모든 숫자를 포함하도록 각 빈칸에 1~9까지의 숫자를
배열해서 이 까다로운 스도쿠 퍼즐을 풀어보세요.

		2			9			
				3		6		
4						5		
8								2
	1			5			4	
3								9
		9						7
		6		1				
			4			8		

후토시키

모든 수평 행과 수직 열이 숫자 1에서 5까지
포함하도록 격자무늬를 채우세요.
'보다 큼' 또는 '보다 작음' 부호는 인접한 칸에
더 크거나 작은 숫자가 있다는 것을 나타냅니다.

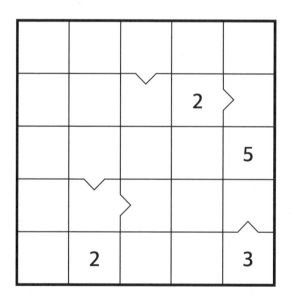

92 정신력에 달린 문제

알파벳 위치에 따라 글자 값이 1에서 26까지
매겨졌다고 할 때, 여러분은 미스터리 암호를 풀어
잃어버린 글자가 무엇인지 밝혀낼 수 있나요?

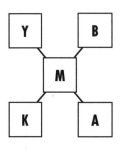

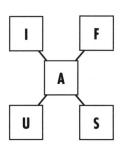

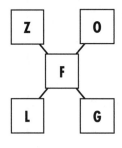

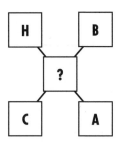

합계 서클

비어 있는 3개의 원에 +, −, × 기호를 어떤 순서로
채워 가운데 원에 있는 숫자가 나오도록 합니다.
각각의 기호는 한 번 사용해야 하며
시계 방향으로 계산해야 합니다.

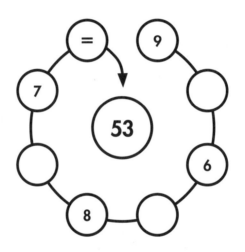

2018년, 중국의 연구원들은 상당히 효율적인
정수 필터를 개발하기 위해 튜링의 유일한 화학 논문에서
이론을 가져와 사용했다.

94 1에서 9까지

아래에 적힌 숫자들을 사용하여 6개의 방정식
(옆으로 읽히는 3개의 식과 아래로 읽히는 3개의 식)을 완성하세요.
모든 숫자는 한 번만 사용할 수 있습니다.

1   2   3   4   5   6   7   8   9

	×		×		=	84
−	■	×	■	×		
	+		×		=	40
×	■	−	■	−		
	×		+		=	32
=		=		=		
9		25		43		

숫자 넣기

위쪽과 왼쪽의 숫자들은 해당 행과 열에 사용된 한 자리
수(1~9)의 개수를 나타냅니다. 아래쪽과 오른쪽에 있는
숫자는 숫자들의 합을 나타냅니다.
모든 숫자는 한 행이나 열에 여러 번 나타날 수 있지만,
어떠한 숫자도 접촉한 칸에 나타나지 않습니다.

	2	1	3	0	3	0	3	
1								8
2								6
2	6							11
2								14
1								3
0								0
4					6			25
	15	3	19	0	12	0	18	

무엇이 사라졌나요?

아래의 격자판에서,
물음표에 들어가야 할 숫자는 무엇일까요?

26	30	23	27	20	24	17
12	19	15	22	18	25	21
9	13	6	10	3	7	?
4	11	7	14	10	17	13
11	15	8	12	5	9	2
17	24	20	27	23	30	26
18	22	15	19	12	16	9

기호 합계

각각의 기호는 서로 다른 숫자를 나타냅니다.
각 행과 열의 끝에 적힌 합계에 도달하기 위해서는
원, 십자가, 오각형, 정사각형, 별의 값은
각각 얼마여야 할까요?

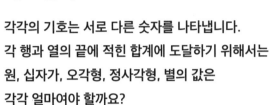

105

도미노 배치

28개의 도미노로 구성된 표준 세트가 아래 그림처럼
배치되었습니다. 여러분은 숫자 2개로 이뤄진
각 도미노의 가장자리를 모두 표시할 수 있나요?
맨 아래 확인란은 보조 도구로 제공되며,
이미 체크된 도미노(1-3)가 도움이 될 것입니다.

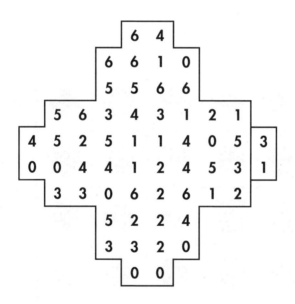

0-0	0-1	0-2	0-3	0-4	0-5	0-6	1-1	1-2	1-3	1-4	1-5	1-6	2-2
									✔				

2-3	2-4	2-5	2-6	3-3	3-4	3-5	3-6	4-4	4-5	4-6	5-5	5-6	6-6

분리하기

격자판에 벽을 그려 영역을 분할합니다.

(여러분을 위해 일부 벽은 이미 그려져 있습니다).

각 영역은 2개의 원을 포함하고 있어야 하며 영역의
크기를 뜻하는 네모 칸의 개수는 격자판 위에 표시된
숫자와 일치해야 하며 각각의 '+'는 적어도 2개의 벽에
연결해야 합니다.

3, 3, 5, 7, 7

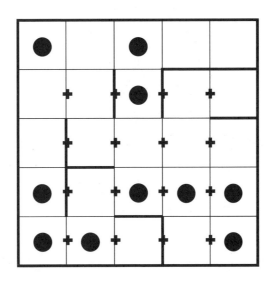

시계 장치

마지막 시계에 사라진 시침과 분침을 그려 넣으세요.

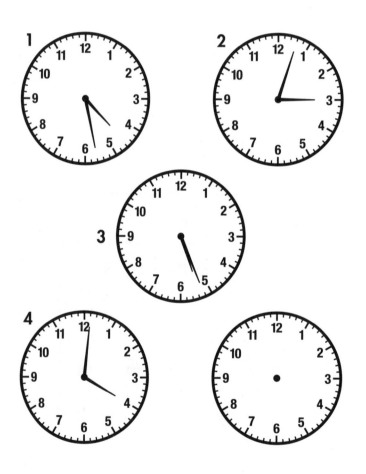

총 결집

아래의 빈칸들은 1에서 30 사이의 정수로 채워야 하며,
숫자는 여러 번 나타날 수 있거나 아예 나타나지 않을 수도
있습니다. 각 가로줄 숫자를 모두 더한 합계는 오른쪽에,
각 세로줄 숫자를 모두 더한 합계는 하단에 적혀 있습니다.
2개의 대각선에 적힌 숫자의 합은 오른쪽에 있습니다.

							83
		19	6	17		29	106
17	14		20		1	11	91
22	30	2		13	9		104
16		24		13	16	4	80
	25	17	10	21		7	109
14	8		1	15	16		87
	17	6	23	29		2	120
89	122	113	80	115	106	72	61

101 육각형

숫자가 적힌 육각형들을 빈 도형에 넣어서,
직선을 따라 육각형이 다른 육각형과 접촉할 때,
맞닿은 두 삼각형의 숫자가 서로 같도록 할 수 있을까요?
육각형은 회전할 수 없습니다!

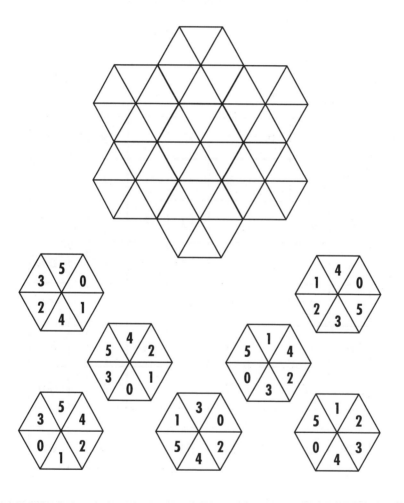

최종 결산

하단의 비어 있는 각 칸에 알맞은 숫자들은 무엇일까요? 각각의 해답 칸에는 위의 각 라인에서 오직 1개의 숫자만 넣을 수 있고, 2개 이상의 칸에 같은 숫자가 들어갈 수 있습니다. 각 행의 스코어는 다음의 의미를 나타냅니다.

a. 체크 표시 : 올바른 위치에 적힌 숫자의 개수
b. 엑스 표시 : 빈칸에 들어갈 수 있으나 다른 위치에 들어간 숫자의 개수

				SCORE
2	6	7	7	✓
5	4	1	1	✗
6	6	9	3	✗
7	3	9	5	✓✗
7	3	5	4	✓
				✓✓✓✓

104 동전 수집하기

한 아마추어 동전 수집가가 금속 탐지기로 전리품을 찾고 있습니다. 그는 자신이 발견한 모든 동전을 발굴해낼 시간이 없어서 동전들의 위치를 보여주는 지도를 하나 만들었습니다. 다른 사람이 지도를 보더라도 아무도 이해하지 못하리라는 희망을 품고 말이죠.

숫자가 적힌 칸에는 동전이 없이 비어 있지만, 칸에 적힌 숫자는 번호가 적힌 칸 주변(닿아 있는 어느 구석이나 측면)에 얼마나 많은 동전(최대 8개)이 있는지를 나타냅니다. 각각의 칸에는 동전이 1개밖에 없습니다.

동전이 들어 있는 모든 칸에 원을 그리세요.

				1			2		
	1	2			1	2			2
			3		2	1	3		
1	1								
1				3			3	3	3
		1		3					2
		2		3		3		3	
	2			3	1				
0			2	1				2	
						3			

라틴 방진

1에서 6까지의 숫자가 모든 행과 열에 한 번만 나타나도록
격자판을 채워보세요. 아래에 있는 칸과 숫자의 합계를
참조해서 단서로 삼으세요.
예를 들어 A 1 2 3 = 6은 칸 A1, A2, A3의 숫자를 합하면
6이 된다는 것을 의미합니다.

1 C 4 5 = 7   **7** B C 1 = 5

2 D E F 4 = 8   **8** C D 6 = 8

3 D E F 5 = 11   **9** A B 2 = 5

4 D 1 2 = 9   **10** A 3 4 = 11

5 E 1 2 = 8   **11** B 5 6 = 9

6 F 1 2 = 11

	A	B	C	D	E	F
1						
2						
3						
4						
5						
6						

106 지그재그

이 퍼즐의 목적은 수평이나 수직 또는 대각선 방향으로
모든 칸을 통과해 이동하면서, 왼쪽 상단 모서리에서
오른쪽 하단 모서리까지 1개의 경로를 추적하는 것입니다.
모든 칸은 한 번만 거쳐야 하며,
반드시 1-2-3-4-1-2-3-4 번호 순서로 이동해야 합니다.
여러분은 길을 찾을 수 있나요?

1	3	2	1	2	4	1	3
2	1	4	3	3	2	4	2
1	3	4	1	4	1	3	1
4	2	2	3	4	2	3	4
3	4	2	3	2	1	4	2
1	2	1	1	4	3	3	1
1	3	4	2	4	2	3	4
4	2	3	3	1	2	1	4

콤비쿠

각 수평 행과 수직 열은 서로 다른 모양과 숫자를 포함해야
합니다. 모든 칸은 1개의 숫자와 1개의 모양을 포함하며,
그 어느 칸에서도 조합이 반복될 수 없습니다.

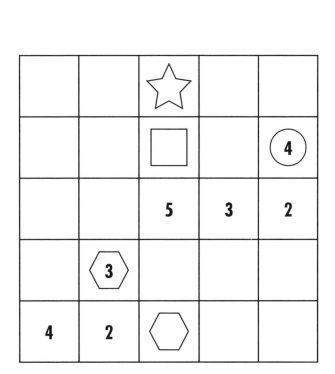

앞뒤가 맞지 않음

아래 정사각형에서, 각 행과 열 그리고 긴 대각선의
숫자들이 정확히 총 145이 되도록 숫자의 위치를
변경하세요. 어떤 숫자든 행이나 열 또한 대각선상에
두 번 이상 표시될 수 있습니다.

29	27	34	21	19	25
24	24	20	18	25	33
19	29	24	26	20	19
22	31	25	14	17	25
22	8	26	33	36	17
28	39	26	25	25	15

타일 트위스터

각 타일의 인접한 모든 숫자가 일치하도록
8개의 타일을 퍼즐 빈칸에 배치하세요.
타일은 360도 회전할 수 있지만 뒤집을 수는 없습니다.

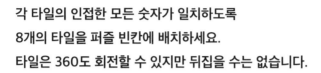

1	3
1	2

2	3
4	3

2	4
4	4

1	3
4	2

2	2
4	3

4	3
2	1

1	2
3	1

4	2
4	2

2	3		
1	3		

110 스도쿠

각 행과 각 열 그리고 각각의 3×3 블록이 1~9까지의
모든 숫자를 포함하도록 각 빈칸에 1~9까지의 숫자를
배열해서 이 까다로운 스도쿠 퍼즐을 풀어보세요.

	7			2				
		1						9
		6			8		5
				5			
	4					7	
			1	9			
		9					
		7				6	
2		5					

후토시키

모든 수평 행과 수직 열이 숫자 1에서 5까지
포함하도록 격자무늬를 채우세요.
'보다 큼' 또는 '보다 작음' 부호는 인접한 칸에
더 크거나 작은 숫자가 있다는 것을 나타냅니다.

	>			∧
1				
5	4	<	2	
4	1	5		

3단계

112 1에서 9까지

아래에 적힌 숫자들을 사용하여 6개의 방정식
(옆으로 읽히는 3개의 식과 아래로 읽히는 3개의 식)을 완성하세요.
모든 숫자는 한 번만 사용할 수 있습니다.

1 2 3 4 5 6 7 8 9

	+		−		=	8
−	■	+	■	×		
	−		×		=	8
+	■	×	■	+		
	×		×		=	10
=		=		=		
4		12		61		

120

숫자 넣기

위쪽과 왼쪽의 숫자들은 해당 행과 열에 사용된 한 자리 수(1~9)의 개수를 나타냅니다. 아래쪽과 오른쪽에 있는 숫자는 숫자들의 합을 나타냅니다.
모든 숫자는 한 행이나 열에 여러 번 나타날 수 있지만, 어떠한 숫자도 접촉한 칸에 나타나지 않습니다.

	2	1	2	1	3	0	3	
3	9							21
1								4
1								2
1								4
2					6			9
1								4
3								17
	10	4	10	2	21	0	14	

114

무엇이 사라졌나요?

아래의 격자판에서,
물음표에 들어가야 할 숫자는 무엇일까요?

72	61	49	38	26	15	3
91	79	66	54	41	29	16
106	93	79	66	52	39	25
94	80	65	51	36	22	7
111	96	80	65	49	34	18
121	105	88	72	55	39	22
?	96	78	61	43	26	8

기호 합계

각각의 기호는 서로 다른 숫자를 나타냅니다.
각 행과 열의 끝에 적힌 합계에 도달하기 위해서는
원, 십자가, 오각형, 정사각형, 별의 값은
각각 얼마여야 할까요?

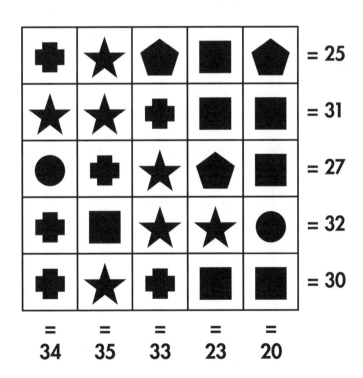

116 도미노 배치

28개의 도미노로 구성된 표준 세트가 아래 그림처럼
배치되었습니다. 여러분은 숫자 2개로 이뤄진
각 도미노의 가장자리를 모두 표시할 수 있나요?
맨 아래 확인란은 보조 도구로 제공되며,
이미 체크된 도미노(4-4)가 도움이 될 것입니다.

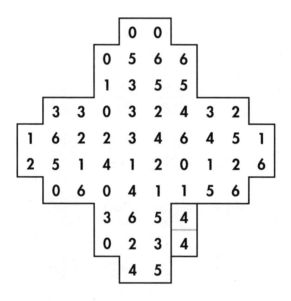

0-0	0-1	0-2	0-3	0-4	0-5	0-6	1-1	1-2	1-3	1-4	1-5	1-6	2-2

2-3	2-4	2-5	2-6	3-3	3-4	3-5	3-6	4-4	4-5	4-6	5-5	5-6	6-6
								✔					

분리하기

격자판에 벽을 그려 영역을 분할합니다.
(여러분을 위해 일부 벽은 이미 그려져 있습니다).
각 영역은 2개의 원을 포함하고 있어야 하며 영역의
크기를 뜻하는 네모 칸의 개수는 격자판 위에 표시된
숫자와 일치해야 하며 각각의 '+'는 적어도 2개의 벽에
연결해야 합니다.

2, 3, 4, 4, 5, 7

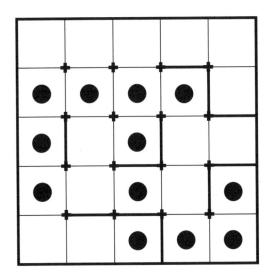

시계 장치

마지막 시계에 사라진 시침과 분침을 그려 넣으세요.

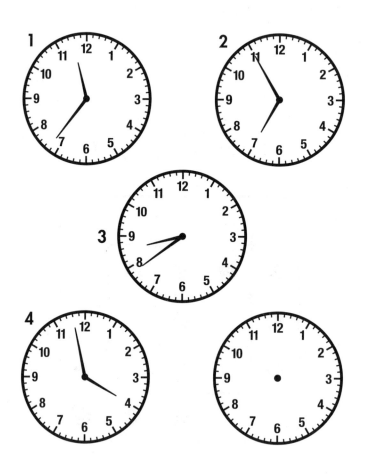

119

총 결집

아래의 빈칸들은 1에서 30 사이의 정수로 채워야 하며, 숫자는 여러 번 나타날 수 있거나 아예 나타나지 않을 수도 있습니다. 각 가로줄 숫자를 모두 더한 합계는 오른쪽에, 각 세로줄 숫자를 모두 더한 합계는 하단에 적혀 있습니다. 2개의 대각선에 적힌 숫자의 합은 오른쪽에 있습니다.

							98
20			17	8		7	87
24	16	9	4		26		85
3	18			11	12	13	89
	6	13	19		20	2	108
10				29	24	9	116
	12	6	27	19	10	16	104
15	20	21	17	4			100
113	101	93	108	93	117	64	136

육각형

숫자가 적힌 육각형들을 빈 도형에 넣어서,
직선을 따라 육각형이 다른 육각형과 접촉할 때,
맞닿은 두 삼각형의 숫자가 서로 같도록 할 수 있을까요?
육각형은 회전할 수 없습니다!

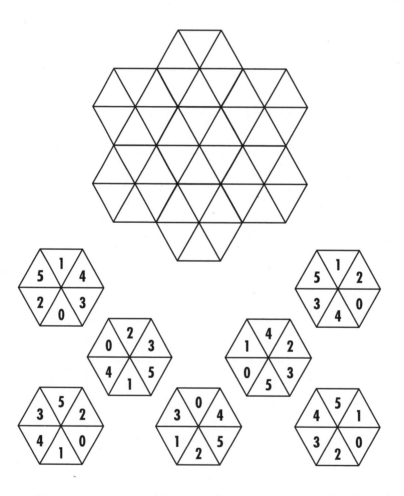

최종 결산

하단의 비어 있는 각 칸에 알맞은 숫자들은 무엇일까요? 각각의 해답 칸에는 위의 각 라인에서 오직 1개의 숫자만 넣을 수 있고, 2개 이상의 칸에 같은 숫자가 들어갈 수 있습니다. 각 행의 스코어는 다음의 의미를 나타냅니다.

a. 체크 표시 : 올바른 위치에 적힌 숫자의 개수
b. 엑스 표시 : 빈칸에 들어갈 수 있으나 다른 위치에 들어간 숫자의 개수

				SCORE
1	1	4	2	✓ ✗ ✗
1	5	2	4	✓ ✗
2	2	7	6	✓
0	6	4	3	✗
4	7	1	7	✓
				✓ ✓ ✓ ✓

3단계

122 동전 수집하기

한 아마추어 동전 수집가가 금속 탐지기로 전리품을 찾고 있습니다. 그는 자신이 발견한 모든 동전을 발굴해낼 시간이 없어서 동전들의 위치를 보여주는 지도를 하나 만들었습니다. 다른 사람이 지도를 보더라도 아무도 이해하지 못하리라는 희망을 품고 말이죠.

숫자가 적힌 칸에는 동전이 없이 비어 있지만, 칸에 적힌 숫자는 번호가 적힌 칸 주변(닿아 있는 어느 구석이나 측면)에 얼마나 많은 동전(최대 8개)이 있는지를 나타냅니다.

각각의 칸에는 동전이 1개밖에 없습니다.

동전이 들어 있는 모든 칸에 원을 그리세요.

2		1			3		
		2	2				3
3			3	3	2		1
2		2		1			2
			2		2		1
			2			1	1
	2		1		2		1
	2		2			2	
	2			4		1	
	1			1	2		1

라틴 방진

1에서 6까지의 숫자가 모든 행과 열에 한 번만 나타나도록
격자판을 채워보세요. 아래에 있는 칸과 숫자의 합계를
참조해서 단서로 삼으세요.
예를 들어 A 1 2 3 = 6은 칸 A1, A2, A3의 숫자를 합하면
6이 된다는 것을 의미합니다.

1 D 1 2 = 7	**7** C 1 2 = 5
2 A B 1 = 6	**8** F 1 2 3 = 11
3 A B 2 = 11	**9** D E 6 = 9
4 B 4 5 6 = 11	**10** A 3 4 = 3
5 C D 5 = 5	**11** E 1 2 = 5
6 C D 4 = 8	**12** B C 3 = 9

	A	B	C	D	E	F
1						
2						
3						
4						
5						
6						

124 지그재그

이 퍼즐의 목적은 수평이나 수직 또는 대각선 방향으로
모든 칸을 통과해 이동하면서, 왼쪽 상단 모서리에서
오른쪽 하단 모서리까지 1개의 경로를 추적하는 것입니다.
모든 칸은 한 번만 거쳐야 하며,
반드시 1-2-3-4-1-2-3-4 번호 순서로 이동해야 합니다.
여러분은 길을 찾을 수 있나요?

1	3	4	1	2	1	4	3
2	4	2	3	3	4	2	2
3	4	1	3	2	3	1	1
2	1	2	4	1	3	4	2
2	1	3	1	4	4	1	3
3	4	2	3	2	1	4	2
4	3	2	1	4	3	1	3
1	2	4	1	4	3	2	4

콤비쿠

각 수평 행과 수직 열은 서로 다른 모양과 숫자를 포함해야
합니다. 모든 칸은 1개의 숫자와 1개의 모양을 포함하며,
그 어느 칸에서도 조합이 반복될 수 없습니다.

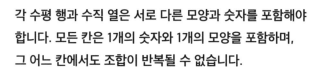

1　　**2**　　**3**　　**4**　　**5**

126 앞뒤가 맞지 않음

아래 정사각형에서, 각 행과 열 그리고 긴 대각선의 숫자들이 정확히 총 196이 되도록 숫자의 위치를 변경하세요. 어떤 숫자든 행이나 열 또한 대각선상에 두 번 이상 표시될 수 있습니다.

53	15	23	28	38	30
52	32	29	23	36	36
31	66	32	34	15	32
31	52	36	40	13	34
22	32	39	46	28	34
19	13	42	35	34	21

타일 트위스터

각 타일의 인접한 모든 숫자가 일치하도록
8개의 타일을 퍼즐 빈칸에 배치하세요.
타일은 360도 회전할 수 있지만 뒤집을 수는 없습니다.

127

2	4
2	1

1	3
1	2

4	4
2	3

1	1
4	4

1	4
4	2

3	2
2	1

1	3
4	1

2	1
4	3

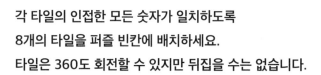

스도쿠

각 행과 각 열 그리고 각각의 3×3 블록이 1~9까지의
모든 숫자를 포함하도록 각 빈칸에 1~9까지의 숫자를
배열해서 이 까다로운 스도쿠 퍼즐을 풀어보세요.

						2	9	
			6					
			1		7			
		8						
	1		3					
				2		8		
5							3	
6		4		5				
							1	7

후토시키

모든 수평 행과 수직 열이 숫자 1에서 5까지
포함하도록 격자무늬를 채우세요.
'보다 큼' 또는 '보다 작음' 부호는 인접한 칸에
더 크거나 작은 숫자가 있다는 것을 나타냅니다.

129

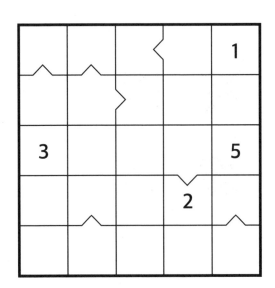

130 1에서 9까지

아래에 적힌 숫자들을 사용하여 6개의 방정식
(옆으로 읽히는 3개의 식과 아래로 읽히는 3개의 식)을 완성하세요.
모든 숫자는 한 번만 사용할 수 있습니다.

1 2 3 4 5 6 7 8 9

	+		−		=	5
×	■	−	■	×		
	+		+		=	16
×	■	×	■	−		
	×		−		=	27
=		=		=		
135		21		4		

138

숫자 넣기

위쪽과 왼쪽의 숫자들은 해당 행과 열에 사용된 한 자리 수(1~9)의 개수를 나타냅니다. 아래쪽과 오른쪽에 있는 숫자는 숫자들의 합을 나타냅니다.

모든 숫자는 한 행이나 열에 여러 번 나타날 수 있지만, 어떠한 숫자도 접촉한 칸에 나타나지 않습니다.

	4	0	3	1	1	1	2	
3			1					15
0								0
3								16
1								1
2								9
1								2
2								11
	10	0	16	9	8	8	3	

132 **무엇이 사라졌나요?**

아래의 격자판에서,
물음표에 들어가야 할 숫자는 무엇일까요?

26	15	22	34	19	28	11
30	21	26	40	23	34	15
24	17	20	36	17	30	9
28	23	24	42	21	36	13
22	19	18	38	15	32	7
26	25	22	44	19	38	11
20	21	16	40	13	34	?

기호 합계

각각의 기호는 서로 다른 숫자를 나타냅니다.
각 행과 열의 끝에 적힌 합계에 도달하기 위해서는
원, 십자가, 오각형, 정사각형, 별의 값은
각각 얼마여야 할까요?

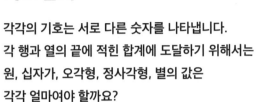

141

1

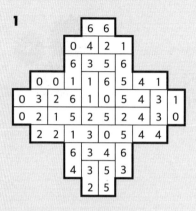

2

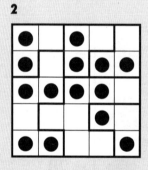

3

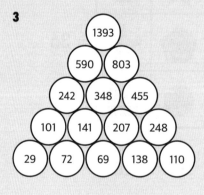

4

							70
28	16	2	18	21	24	5	114
6	14	17	20	9	1	19	86
23	12	2	11	13	15	30	106
22	8	27	18	17	12	8	112
2	4	7	29	21	25	18	106
5	10	26	3	12	14	28	98
16	22	21	1	17	18	9	104
102	86	102	100	110	109	117	106

5

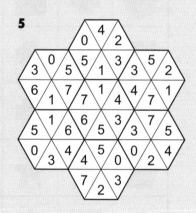

6

4874

7

		1				●		●	
1	3	●	3	●		1	2	1	
2	●	●			2				1
3	●	●	4	●	3		●	4	●
●				●	●		●	4	●
2		0		3					1
●			3	●		0			
●	●	●	●	2					
2						2	2	1	
	0		●	1	1	●	●		

10

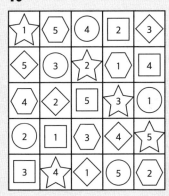

8

1	2	4	3	6	5
6	3	5	2	1	4
5	1	3	4	2	6
2	4	6	1	5	3
3	6	1	5	4	2
4	5	2	6	3	1

11

39	13	24	63	68	39
38	41	66	15	41	45
41	74	41	23	21	46
33	49	41	59	20	44
36	43	25	58	39	45
59	26	49	28	57	27

9

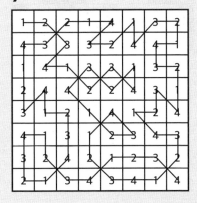

12

중앙 사각형에 있는 문자의 값은 외부 사각형들에 있는 문자의 값을 모두 합한 것의 제곱근입니다. 따라서 사라진 값은 6이므로 결국 물음표에 들어갈 문자는 F입니다.

13

$(17 - 19 + 40) \times 2 = 76$

14

1	1	1	2	2	1
4	3	3	4	4	2
4	3	3	4	4	2
1	1	1	4	4	3
1	1	1	4	4	3
1	2	2	3	3	2

17

9	+	4	+	8	=	21
+		−		×		
3	+	1	×	5	=	20
×		×		−		
6	+	2	+	7	=	15
=		=		=		
72		6		33		

15

3	1	5	4	9	8	6	7	2
8	7	9	3	6	2	1	5	4
2	4	6	7	5	1	9	8	3
5	6	2	1	7	9	4	3	8
4	9	3	8	2	5	7	1	6
1	8	7	6	3	4	2	9	5
7	3	4	5	1	6	8	2	9
9	5	8	2	4	7	3	6	1
6	2	1	9	8	3	5	4	7

16

2	3	1	5	4
5	1	4	3	2
1	2	3	4	5
3	4	5	2	1
4	5	2	1	3

18

4	6		5	1		3	8		7	9
5	7	8	9	4		9	7		9	8
	8	9		2	9		2	1	3	7
6	9				8	4	9	2		
2	3	1		8	7	1	6		9	7
	5	2	1	3	4		4	9	8	3
		3	7	6			6	3	1	
	6	8	7	9		5	9	8	6	
9	3	6		5	1	8				
4	1	3	2		6	2	3	1	4	
8	2		4	1	9	3		4	9	2
	2	1	3	8			3	1		
8	5	7	9		7	5		3	7	
9	2		3	4		3	7	5	8	9
5	1		6	9		1	6		6	5

19

29

각 행을 왼쪽에서 오른쪽의 순서로 읽으면서, 가운데 칸에 이를 때까지 선행하는 숫자에 9씩 더한 후, 가운데 칸의 숫자부터는 7씩 빼면 됩니다.

20

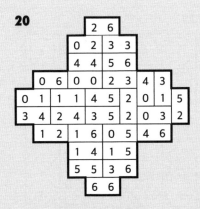

23

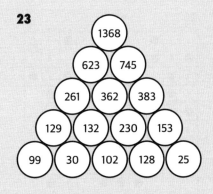

21

원 = 3, 십자가 = 7, 오각형 = 9,
정사각형 = 2, 별 = 4.

22

							103
8	22	27	19	4	5	10	95
11	17	12	26	30	21	1	118
29	15	13	14	16	28	4	119
18	23	16	13	12	24	8	114
25	2	27	21	3	19	20	117
30	14	7	24	10	6	25	116
2	9	13	20	26	1	17	88
123	102	115	137	101	104	85	77

24

25

5528

26

1	3	●		●	3	3	●	0
●	4	●		2	●	●		3
	●	3				●	3	●
4	●		0		1		●	
●	●					2		
3		1	1		1	●		0
●	4		2	●	2		1	0
●	●	●	4		●			1
	3		●	●	●		1	● 1
			2		2			

29

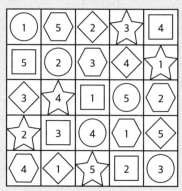

27

1	5	4	6	3	2
2	3	1	5	4	6
5	4	6	2	1	3
4	2	3	1	6	5
6	1	5	3	2	4
3	6	2	4	5	1

30

56	8	18	72	84	24
61	43	36	25	47	50
64	55	43	21	27	52
12	67	47	65	27	44
17	71	54	61	11	48
52	18	64	18	66	44

28

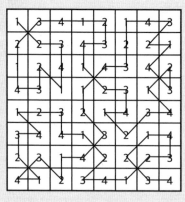

31

중앙 사각형에 있는 문자의 값은
왼쪽 사각형들의 문자 값 합계에서
오른쪽 사각형들의 문자 값 합계를 뺀
것입니다. 따라서 사라진 값은 18이므로
결국 물음표에 들어갈 문자는 R입니다.

32

2	4	4	2	2	3
2	3	3	4	4	3
2	3	3	4	4	3
3	2	2	1	1	3
3	2	2	1	1	3
1	4	4	2	2	3

33

$4 \times 6 - 8 + 10 = 26$

34

4	8	3	5	7	1	6	9	2
5	7	2	9	8	6	3	1	4
6	9	1	3	2	4	5	8	7
9	2	6	1	5	7	4	3	8
3	4	7	8	9	2	1	6	5
1	5	8	6	4	3	7	2	9
8	6	4	2	3	5	9	7	1
2	3	5	7	1	9	8	4	6
7	1	9	4	6	8	2	5	3

35

3	2	>1	4	5
1	4	5	3	2
4	>3	2	5	1
2	5	3	1	4
5	1	4	>2	3

36

3	×	9	+	2	=	29
×		+		×		
5	×	4	-	1	=	19
+		-		×		
6	×	8	+	7	=	55
=		=		=		
21		5		14		

37

8	3	2	1		4	7		9	7	4
9	8	7	4		5	9		8	1	2
	9	3	2		3	2	6	4	1	
9	7	8	2	1	4		1	7		
8	9	6		3	6	9		4	2	3
4	1		5	4		1	6		1	7
	8	9	5			9	7	6	8	
3	9	4				1	3	9		
5	8	9	6		6	3	5			
1	7		5	1	9	5		8	5	
2	5	1		2	1	3		8	9	2
	7	9		6	7	2	4	3	1	
2	1	6	3	5		8	7	9		
8	6	9		3	1		3	7	9	1
4	3	8		8	5		1	6	8	2

38

6

각 행을 왼쪽에서 오른쪽의 순서로 읽으면서, 선행하는 숫자에서 그다음 숫자를 빼면 됩니다.

39

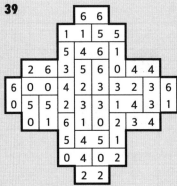

40

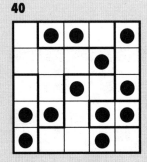

41

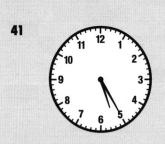

시계는 차례대로 1번 시계에서
50분 느려진 것이 2번 시계가 되고,
60분 빨라진 것이 3번 시계,
70분 느려진 것이 4번 시계,
80분 빨라진 것이 마지막 시계입니다.

42

원 = 2, 십자가 = 3, 오각형 = 9,
정사각형 = 4, 별 = 5.

43

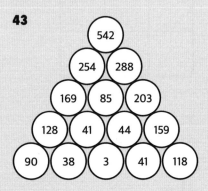

44

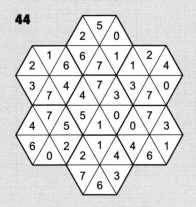

45

1		0	2	●		●	●	1	
●				●	3		3	3	
		2	●				1	●	●
0		2	●	3					
	1			●				0	
		●	3	2		0			
	●	3	2	●				●	2
2	●				●	3	●	5	●
		●			2	●	4	●	●
●	3	●	2				●	3	

48

1	4	3	2	5
2	1	4	5	3
3	5	2	4	1
4	3	5	1	2
5	2	1	3	4

46

1	3	4	2	6	5
5	1	2	3	4	6
2	6	5	1	3	4
6	5	3	4	2	1
3	4	6	5	1	2
4	2	1	6	5	3

49

21	12	38	57	88	5
42	36	36	21	41	45
53	46	36	14	26	46
14	51	41	58	26	31
25	54	43	49	13	37
66	22	27	22	27	57

47

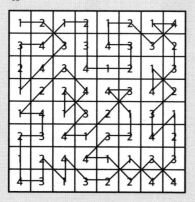

50

3	2	2	3	3	3
1	4	4	2	2	3
1	4	4	2	2	3
1	2	2	2	2	4
1	2	2	2	2	4
3	1	1	4	4	3

51

6	7	3	5	9	8	4	1	2
1	2	4	3	7	6	5	9	8
5	9	8	2	4	1	3	7	6
4	1	2	9	3	5	8	6	7
7	8	9	1	6	4	2	3	5
3	6	5	7	8	2	1	4	9
9	5	6	8	1	3	7	2	4
2	3	7	4	5	9	6	8	1
8	4	1	6	2	7	9	5	3

54

1	×	6	−	2	=	4
×		×		×	
3	×	5	−	4	=	11
+		+		×	
8	×	9	+	7	=	79
=		=		=	
11		39		56	

52

5	3	2 >	1	4
3	1	4	2	5
2 <	4	1	5 >	3
1	5	3	4 >	2
4	2	5	3	1

53

1026
448 578
231 217 361
142 89 128 233
84 58 31 97 136

55

56

160

각 열을 위에서 아래의 순서로 읽으면서,
첫 번째 숫자부터 차례로 4를 곱한 다음,
4를 빼고, 5를 곱한 다음, 5를 빼고, 6을
곱한 다음, 6을 뺍니다.

57

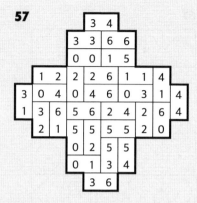

58

59

							127
24	3	17	13	15	20	4	96
6	12	11	9	24	27	3	92
25	19	10	13	21	19	14	121
27	1	30	22	17	16	29	142
5	4	16	23	14	7	19	88
8	24	14	9	6	12	23	96
13	2	15	28	22	1	8	89
108	65	113	117	119	102	100	102

60

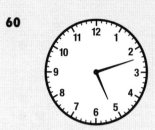

시계는 매시간마다
1시간 11분이 느려집니다.

61

62

8788

63

$1 \times 11 + 21 - 31 = 1$

64

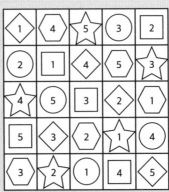

0			●	3	●	●	●		●
		2	●		2	3	2		1
1					3		1		1
●	1		1	●	●	●			●
	2				5	●		●	●
	●	1			●	2		5	●
●			0					●	●
1		1		1	0		1		
		1	●	3				1	
	0			●	●	●	2	●	

67

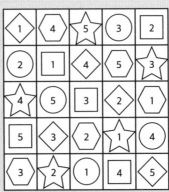

65

2	6	5	4	3	1
6	3	1	5	2	4
3	2	4	6	1	5
4	1	6	2	5	3
5	4	3	1	6	2
1	5	2	3	4	6

68

13	10	15	23	31	29
30	20	21	10	21	19
26	38	20	4	13	20
15	19	21	36	11	19
13	22	16	34	17	19
24	12	28	14	28	15

66

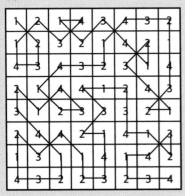

69

2	3	3	4	4	2
4	3	3	1	1	2
4	3	3	1	1	2
4	2	2	3	3	4
4	2	2	3	3	4
1	1	1	4	4	1

70

6	5	8	9	2	4	3	7	1
3	1	9	5	7	6	4	8	2
2	7	4	8	3	1	6	9	5
4	9	7	2	1	8	5	6	3
5	8	3	6	4	7	2	1	9
1	6	2	3	9	5	8	4	7
7	3	1	4	8	2	9	5	6
9	4	6	7	5	3	1	2	8
8	2	5	1	6	9	7	3	4

74

9	×	7	×	2	=	126
×		−		+		
8	−	3	×	4	=	20
−		×		×		
1	×	5	×	6	=	30
=		=		=		
71		20		36		

71

1	5	4	3	2
2	3	1 < 4	5
4 > 1	2	5	3
5	2	3	1	4
3	4	5	2	1

72

중앙 사각형에 있는 문자의 값은 위쪽
사각형들의 문자 값 합계와 아래쪽
사각형들의 문자 값 합계의 차이와
같습니다. 따라서 사라진 값은 17이므로
결국 물음표에 들어갈 문자는 Q입니다.

73

$6 \times 7 - 8 + 9 = 43$

75

6	4		4	2	5	1		3	2	1
2	6	9	8	4	7	3		8	7	2
	5	7	3		9	5	8	7	6	4
8	2	1		7	8	4	6	9		
9	3	5	2	1		2	9		4	9
2	1		9	8	6		2	5	1	3
	8	1		5	9	7	8	3	6	
3	6	1		1	2	6		9	2	8
1	7	2	5	4	3		1	6		
2	8	4	7		1	2	3		1	4
8	9		8	9		3	8	7	6	9
	2	6	4	3	1		9	3	8	
8	1	4	9	7	2		8	3	2	
5	2	1		8	7	1	9	5	4	3
9	4	5		2	1	3	7		7	9

76

339
왼쪽 상단 모서리에서 시계 방향으로
중앙을 향해 나선형으로, 매번 각 숫자에
7을 더합니다.

77

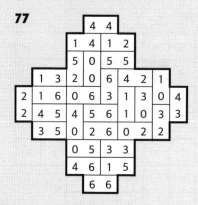

80

							84
13	11	9	7	22	21	18	101
17	4	27	29	19	3	9	108
15	24	16	22	28	1	10	116
20	13	21	14	18	7	26	119
2	11	12	25	16	23	5	94
27	6	19	14	9	10	30	115
3	22	16	15	12	4	26	98
97	91	120	126	124	69	124	99

81

2827

78

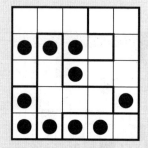

82

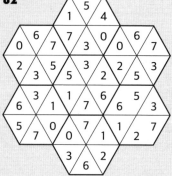

79

시계는 2시간 19분, 2시간 29분,
2시간 39분, 2시간 49분이 빨라집니다.

154

83

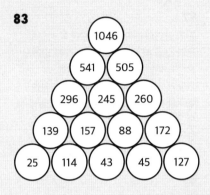

Pyramid:
- 1046
- 541, 505
- 296, 245, 260
- 139, 157, 88, 172
- 25, 114, 43, 45, 127

84

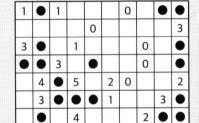

1	●	1			0		●	●
			0					3
3	●		1			0		●
●	●	3		●			0	●
	4	●	5		2	0		2
	3	●	●	●	1		3	●
	●		4			2	●	●
3	●	2	1	●			●	●
●	3		2		1		3	●	3
		●		0			●	2

85

6	5	4	2	3	1
1	3	2	5	6	4
4	2	3	1	5	6
2	6	5	4	1	3
5	1	6	3	4	2
3	4	1	6	2	5

86

1	2	2	3	2	3	1	2
3	1	4	3	4	1	4	3
4	1	2	2	3	1	4	1
4	1	1	4	1	2	2	3
2	3	2	3	3	3	2	4
2	1	1	4	3	1	4	1
4	3	1	4	4	2	1	2
3	2	4	1	2	3	3	4

87

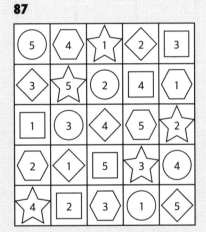

5	4	1	2	3
3	5	2	4	1
1	3	4	5	2
2	1	5	3	4
4	2	3	1	5

88

17	33	21	40	39	45
49	32	32	14	35	33
45	48	32	18	19	33
18	42	35	46	22	32
16	12	46	39	49	33
50	28	29	38	31	19

89

1	2	2	3	3	2
4	1	1	1	1	4
4	1	1	1	1	4
3	3	3	4	4	1
3	3	3	4	4	1
4	4	4	2	2	2

92

왼쪽 상단의 문자 값에서 오른쪽 상단의 문자 값을 빼고, 왼쪽 하단의 문자 값에서 오른쪽 하단의 문자 값을 뺀 다음, 상단에서 얻은 결과에서 하단에서 얻은 결과를 빼면 중앙 사각형에 있는 값을 얻을 수 있습니다. 따라서 값은 4이므로 결국 사라진 문자는 D입니다.

93

$9 \times 6 - 8 + 7 = 53$

90

6	3	2	5	8	9	4	7	1
9	5	1	7	3	4	6	2	8
4	7	8	6	2	1	5	9	3
8	9	4	3	7	6	1	5	2
2	1	7	9	5	8	3	4	6
3	6	5	1	4	2	7	8	9
5	4	9	8	6	3	2	1	7
7	8	6	2	1	5	9	3	4
1	2	3	4	9	7	8	6	5

94

2	×	7	×	6	=	84
-	■	×	■	×		
1	+	4	×	8	=	40
×	■	-	■	-		
9	×	3	+	5	=	32
=		=		=		
9		25		43		

91

2	1	5	3	4
4	5	3	2	1
3	4	2	1	5
5	3	1	4	2
1	2	4	5	3

95

		8				
			1		5	
6		5				
			5		9	
	3					
9		6		6		4

96

0

첫 번째 행에서, 처음 칸의 숫자에 4를
더하고, 둘째 칸 숫자에서 7을 빼고, 셋째
칸 숫자에 4를 더하는 식으로 진행합니다.
두 번째 행에서, 처음 칸 숫자에 7을
더하고, 둘째 칸 숫자에서 4를 빼는 식으로
진행합니다. 그런 다음 나머지 행에서
4와 7을 번갈아가며 더하고 빼는 과정을
반복합니다.

97

원 = 4, 십자가 = 9, 오각형 = 2,
정사각형 = 3, 별 = 8.

98

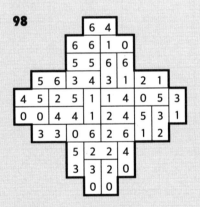

99

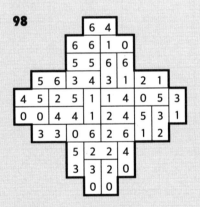

100

시계는 번갈아가면서 매시간마다
85분이 느려지고 143분이 빨라집니다.

101

							83
4	23	19	6	17	8	29	106
17	14	21	20	7	1	11	91
22	30	2	18	13	9	10	104
16	5	24	2	13	16	4	80
3	25	17	10	21	26	7	109
14	8	24	1	15	16	9	87
13	17	6	23	29	30	2	120
89	122	113	80	115	106	72	61

102

103

2955

104

		●	1			●	2		
	1	2			1	2	●		2
	●		3	●	2	1	3	●	●
1	1		●	●				●	●
1			3	●		3	3	3	
●		1	3		●		●	2	
●		2	●	3	●	3	●	3	●
	2		●	3	1				
0		●	2	1			●	2	
					●	3	●		

105

3	1	4	5	2	6
2	3	1	4	6	5
6	2	3	1	5	4
5	6	2	3	4	1
1	4	5	6	3	2
4	5	6	2	1	3

106

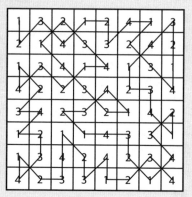

107

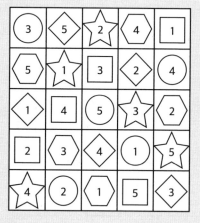

108

29	27	24	21	19	25
25	24	20	18	25	33
19	29	24	34	20	19
22	31	25	14	17	36
22	8	26	33	39	17
28	26	26	25	25	15

109

1	1	1	2	2	4
2	3	3	4	4	4
2	3	3	4	4	4
1	3	3	2	2	2
1	3	3	2	2	2
2	1	1	4	4	3

112

6	+	9	−	7	=	8
−	■	+	■	×		
4	−	3	×	8	=	8
+	■	×	■	+		
2	×	1	×	5	=	10
=		=		=		
4		12		61		

110

5	7	8	9	2	1	6	3	4
6	3	1	5	8	4	7	2	9
4	9	2	6	3	7	8	1	5
1	2	6	4	7	5	3	9	8
9	4	3	8	6	2	5	7	1
8	5	7	3	1	9	2	4	6
7	8	9	2	4	6	1	5	3
3	1	4	7	5	8	9	6	2
2	6	5	1	9	3	4	8	7

113

9		6		6			
							4
			2				
	4						
					6		3
		4					
1					9		7

111

3 > 2	4	5	1
1	3	2	4	5
2	5	3	1	4
5	4	1 < 2	3
4	1	5	3	2

114

113
오른쪽에서 왼쪽 방향으로
첫 번째 행에서 첫 칸에서 11을 뺀 다음
둘째 칸에서 12를 빼고 셋째 칸에서 11을빼고
넷째 칸에서 12를 빼는 식으로 반복합니다.
두 번째 행에서 12을 뺀 다음 13을,
세 번째 행에서 13을 뺀 다음 14를,
네 번째 행에서 14를 뺀 다음 15를,
다섯 번째 행에서 15를 뺀 다음 16을,
여섯 번째 행에서 16을 뺀 다음 17을,
마지막 일곱 번째 행에서 17을 뺀 다음
18을 빼는 것을 반복합니다.

115

원 = 5, 십자가 = 7, 오각형 = 3,
정사각형 = 4, 별 = 8.

116

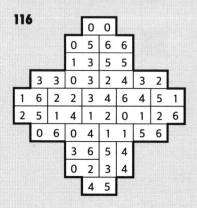

117

118

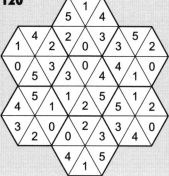

시계는 4시간 41분 뒤로 갔다가,
1시간 44분 앞으로 갔다가,
4시간 41분 뒤로 갔다가,
1시간 44분 앞으로 움직입니다.

119

								98
20	15	6	17	8	14	7	87	
24	16	9	4	1	26	5	85	
3	18	30	2	11	12	13	89	
27	6	13	19	21	20	2	108	
10	14	8	22	29	24	9	116	
14	12	6	27	19	10	16	104	
15	20	21	17	4	11	12	100	
113	101	93	108	93	117	64	136	

120

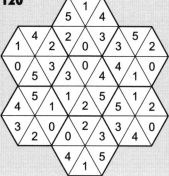

121

1210

122

2		1		●	●	3	●	●	●
●	●	2	2	●	●				3
3	●			3	3	2		●	1
2		2		1	●				2
●		●	2		2			1	●
		●	2		●	1		1	
	2		1			2		1	
●	2		2		●	2			●
	2	●	●	4	●			1	
	1		●		1	2	●	1	

125

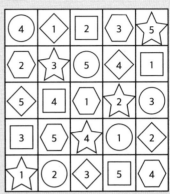

123

5	1	4	3	2	6
6	5	1	4	3	2
2	4	5	1	6	3
1	3	2	6	5	4
4	6	3	2	1	5
3	2	6	5	4	1

126

53	15	23	28	38	39
40	32	29	23	36	36
31	52	32	34	15	32
31	52	36	30	13	34
22	32	34	46	28	34
19	13	42	35	66	21

124

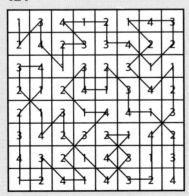

127

4	1	1	3	3	2
2	4	4	1	1	1
2	4	4	1	1	1
3	4	4	1	1	2
3	4	4	1	1	2
1	2	2	2	2	3

128

1	4	7	8	3	5	2	9	6
3	5	9	6	4	2	1	7	8
8	2	6	1	9	7	3	4	5
4	9	8	5	1	6	7	2	3
2	1	5	3	7	8	4	6	9
7	6	3	9	2	4	8	5	1
5	7	1	2	8	9	6	3	4
6	3	4	7	5	1	9	8	2
9	8	2	4	6	3	5	1	7

129

2	3	4	5	1
5	4	3	1	2
3	2	1	4	5
4	1	5	2	3
1	5	2	3	4

130

3	+	4	−	2	=	5
×		−		×		
9	+	1	+	6	=	16
×		×		−		
5	×	7	−	8	=	27
=		=		=		
135		21		4		

131

6		1			8	
1		7		8		
						1
1		8				
						2
2			9			

132

5

첫 번째 열에서 첫 번째 숫자에 4를
더하고, 두 번째 숫자에서 6을 빼고,
세 번째 숫자에 4를 더하는 식입니다.
두 번째 열에서 첫 번째 숫자에 6을
더하고, 두 번째 숫자에서 4를 빼는
식입니다. 나머지 열에서는 이러한 과정을
반복해서 4와 6을 더하거나 빼줍니다.

133

원 = 2, 십자가 = 4, 오각형 = 6,
정사각형 = 1, 별 = 8.

옮긴이 이은경

광운대학교 영문학과를 졸업했다. 저작권에이전시에서 에이전트로 근무했으며, 현재 번역에이전시 엔터스코리아에서 출판 기획 및 전문 번역가로 활동하고 있다. 주요 역서로는『튜링과 함께하는 아이큐 퍼즐』『DK 체스 바이블』『멘사 지식 퀴즈 1000』『멘사퍼즐 수학게임 : IQ 148을 위한』『수학 올림피아드의 천재들』『원자에서 우주까지 과학 수업 시간입니다』등이 있다.

튜링 테스트 2

튜링과 함께하는 숫자 퍼즐

초판 1쇄 인쇄일 2023년 2월 21일
초판 1쇄 발행일 2023년 3월 7일

지은이	튜링 재단·에릭 손더스
옮긴이	이은경
펴낸이	강병철
편집	정사라 박혜진 최웅기
디자인	박정은
마케팅	유정래 한정우 전강산 심예원
제작	홍동근

펴낸곳	이지북
출판등록	1997년 11월 15일 제105-09-06199호
주소	02755 서울시 마포구 양화로6길 49
전화	편집부 (02)324-2347 경영지원부 (02)325-6047
팩스	편집부 (02)324-2348 경영지원부 (02)2648-1311
이메일	ezbook@jamobook.com

ISBN	978-89-5707-291-2 (04410)
	978-89-5707-253-0 (세트)

잘못된 책은 교환해 드립니다.

"콘텐츠로 만나는 새로운 세상, 콘텐츠로 만나는 새로운 방법, 책에 대한 새로운 생각"
이지북 출판사는 세상 모든 것에 대한 여러분의 소중한 콘텐츠를 기다립니다.